大模型通识课

技术演进、商业革命与行业落地

司马华鹏 汤毅平 著

THE ESSENTIAL GUIDE TO LARGE AI MODELS

Technology Foundations, Business Transformation, and Real-World Deployment

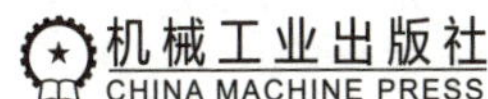
机械工业出版社
CHINA MACHINE PRESS

图书在版编目（CIP）数据

大模型通识课：技术演进、商业革命与行业落地 / 司马华鹏，汤毅平著. -- 北京：机械工业出版社，2025. 8（2025. 9 重印）. -- ISBN 978-7-111-78934-5

Ⅰ. TP18

中国国家版本馆 CIP 数据核字第 2025G22S73 号

机械工业出版社（北京市百万庄大街 22 号　邮政编码 100037）

策划编辑：高婧雅　　　　　　　责任编辑：高婧雅

责任校对：刘　雪　杨　霞　景　飞　　责任印制：刘　媛

三河市宏达印刷有限公司印刷

2025 年 9 月第 1 版第 2 次印刷

147mm × 210mm · 7.75 印张 · 1 插页 · 146 千字

标准书号：ISBN 978-7-111-78934-5

定价：89.00 元

电话服务　　　　　　　　网络服务

客服电话：010-88361066　　机　工　官　网：www.cmpbook.com

010-88379833　　机　工　官　博：weibo.com/cmp1952

010-68326294　　金　　书　　网：www.golden-book.com

机工教育服务网：www.cmpedu.com

序　1

站在风口上的“大模型时代”

我在20年的宏观研究生涯中，曾多次见证历史的转折时刻：从2008年国际金融危机下的中国4万亿计划，到2015年“互联网+”席卷全行业的结构性变革，再到今天，我们站在新一轮科技革命与产业变革的十字路口——AI正以前所未有的速度重塑我们的经济基础和社会结构。

过去几年，大模型逐步走进了大众视野。从ChatGPT火爆全球，到Sora颠覆视频制作，再到DeepSeek等低成本开源模型崛起，这场由“AI推理模型”掀起的新工业革命，不再是少数技术精英的前沿游戏，而是每位行业从业者、企业家和投资人都无法忽视的时代变革力量。

我本人也是这场浪潮中的一员。2024年底，我与由硅基智能打造的“任泽平 AI 分身”一同登台讲解专业大模型的未来。在与“另一个我”对话的那一刻，我深刻感受到：AI 不是替代工具，而是我们自身思维方式的延展。这本书的作者司马华鹏，正是那位将“分身”构想化为现实的人，他长期深耕 AI 底层技术，极具宏观视野，对技术的社会意义有系统性的思考。因此，我很荣幸为他这本意义非凡的著作写下这篇序言。

技术范式的跃迁：从自动化到认知协作

历史上，技术革命从未止步。第一次工业革命释放了机械的力量；第二次工业革命带来了规模化生产；第三次信息革命将世界编织进数字网络。而今天，以“思维链”为核心的 AI 推理革命，则宣告了第四次认知革命的到来。

所谓“思维链”，是一种让机器不再仅仅给出结果，而是能够展示、构建、优化推理路径的能力。就像过去的流水线替代了手工业的重复劳作，思维链正在重塑人类在认知与决策过程中的角色边界。

从经济结构来看，这将带来深远影响。我们所熟知的“金字塔型”企业组织，依靠层层经验和汇报进行决策。而思维链 AI 的出现，有望打破信息流通的瓶颈，让底层任务自动推理、自动执行，上层聚焦战略创新，从而催生出“网状协同型”组织形态。

在专业服务行业，这种冲击已开始显现：律师的合同审阅可以被“链式理解”的AI替代，金融分析师的直觉判断被模型量化超越，教育行业的知识传递被“基于AI的智能导师”进行深度个性化的重组。这不是简单的“机器替代人”，而是“人机共创”的开端。

商业逻辑的重构：从效率红利到认知红利

每一轮技术革命，最终都会沉淀为商业模式的革命。而大模型的革命性在于它从效率工具跃升为认知合作伙伴，开启了一场关于“推理权力”的再分配。

这本书提出的一个重要观点——“大模型推动的商业文明重构”，我极为认同。在以往的AI时代，真正“吃到”技术红利的往往是少数的科技巨头，因为他们掌控了数据、算力与人才。而以DeepSeek为代表的新一代开源模型通过技术路径创新，大幅降低了训练成本，使得“AI能力”第一次真正具备了普惠性。正因如此，我将这种变革称为“认知红利”的释放。

当推理能力被广泛“开源”，中小企业、创业者，甚至个人创作者，都有机会调用AI进行专业化决策。这种趋势将加速“平台 - 组织 - 个人”三者之间的边界瓦解，让生产力真正“自下而上”涌现。这是对“第二曲线”创新理论的现实写照：不是靠组织的扩张，而是靠认知结构的重构。

价值观的更新：从机器智能到人类精神

AI 的进化不仅仅是一场生产力的变革，更是一场关于“人类如何理解自己”的精神革命。

大模型的“思维链”（即推理能力）正在逼近人类思维的某些核心机制——因果推断、元认知、逻辑审视。它让我们开始正视：智能的本质不是数据堆砌，而是路径构建；不是知道答案，而是解释过程。

这也带来了前所未有的伦理挑战和哲学反思。当 AI 具备推理与自我审视的能力时，我们是否要赋予它“主观能动性”？未来的教育，该教孩子“知识”，还是教他们如何提问、如何与 AI 协同？未来的人类社会，要靠“更懂逻辑”的 AI，还是靠“更有人文”的人类？

司马华鹏在这本书的最后一章提出的“认知协同文明”的构想，正是这一代 AI 实践者开始面对的命题。他没有停留在技术炫技层面，而是努力去构建一种人类与 AI 共同演化的价值体系。对于这一点，我深表敬意。

写在最后

看清趋势，比努力更重要。

20 年前看清了互联网的人，抓住了流量红利；10 年前看清了移动互联网的人，抓住了平台红利；现在，看清大模型的人，将抓住的是认知红利、组织重构红利、社会范式跃迁红利。

这本书不仅是一幅 AI 技术演进地图，更是一份认知革命时代的“操作手册”。它写给所有对未来还有好奇心的人——企业家、创业者、技术从业者、政策制定者，甚至普通个体。

我们正进入一个“人人有分身，人人能推理”的时代。在这个时代，知识不再稀缺，提问更显珍贵；算法不再神秘，思维方式决定胜负。

在这场认知革命中，愿你我都能成为时代的“大模型工程师”。

任泽平

经济学家，泽平宏观创始人

2025 年 6 月于北京

序　2

无 AI，不未来

古希腊三贤之一的苏格拉底（Socrates）曾经发出“灵魂三问”：“我们从何处来？我们是谁？我们向何处去？”这三个终极命题旨在探讨人生意义与人类未来，依然叩问着身处日新月异的时代的当今世人。

却顾所来径，苍苍横翠微。人类的发展简史是一段人类从石器时代到 AI 时代的波澜壮阔的进化历程，贯穿其间的关键驱动因素便是人类与机器之间永不停歇的角逐与拟合。人类群星闪耀，从“人工智能之父”艾伦·麦席森·图灵（Alan Mathison Turing）、“量子电动力学开创者”理查德·菲利普斯·费曼（Richard Phillips Feynman）到“现代计算机之父”约翰·冯·诺依曼（John von Neumann），科学家们以生命之名书写着关于困惑、进步、超越的宏大壮丽史诗。

放眼全球，AI 驱动的第四次工业革命已将人类思想、商业文明、经济形态从“牛顿力学特质的非数字化商业”跃迁至“量子特质的数字化商业”，企业数字化发展必然遵循三大基本定律——摩尔定律（Moore’s Law）、梅特卡夫法则（Metcalfe’s Law）、海明威运动定律（Hemingway’s law of motion）。无 AI，不未来。

德国古典理性主义哲学家伊曼努尔·康德（德文：Immanuel Kant）在《实用人类学》（*Practical Anthropology*）中充满诗意地写道：“人具有‘自我’的观念，这使人能够无限地提升到地球上一切其他有生命的存在物之上，因此，他是一个人。”从碳基到硅基、从三维走向多维，这标志着智人之上的智能文明的到来，即宇宙学家斯蒂芬·威廉·霍金（Stephen William Hawking）提出的奇点时刻（Singular Point）。

作为 AIGC 虚拟数字人技术探索者，硅基智能科技集团创始人司马华鹏属于量子贝叶斯型进化者（Quantum Bayesian Type Evolutionist），在多极化的全球市场敏捷、高效地响应多元化的数字商业应用场景需求，实现数字跃迁。他生于古都洛阳，怀有“叩坤补史”文化基因，博学而笃志、切问而近思，基于前瞻的社会演进洞察与生动的数字商业实践而呕心创作本书。本书全面系统解密新一代智能推理型大模型的赋能之道，带你快速了解大模型的技术演进、商业变革与六大领域的落地实践。

在智能文明的宏大演进中，智慧生命完成了三重跃迁：从初级认知觉醒到高阶意识修炼的质变，从有限存在向无限可能的拓展，从当下瞬间到永恒境界的穿越。

叶国靖　知名投资人

畅销历史图书《政和元年》作者

香港中文大学商学院－复旦大学国际金融学院

工商管理博士（在读）

前　言

为什么写作本书

人类文明的每一次重大跨越，都始于思维方式的革命。从原始部落的结绳记事到殷商时期的甲骨文的符号系统，从亚里士多德的三段论（形式逻辑中的一种论证结构）到牛顿的微积分，认知工具的迭代始终推动着文明边界的拓展。

今天，我们正站在一个前所未有的历史节点：AI 不再满足于模仿人类的表层行为，而是开始构建属于自己的思维链条。2016 年 AlphaGo 战胜李世石时，我惊叹于机器的计算暴力美学；2022 年 GPT-3 展现出语言生成能力时，我震撼于统计模型的混沌智慧。但真正让我意识到转折点来临的，是 2024 年与 DeepSeek 模型的对话。当这个成本仅为行业巨头 1/10 的 AI 系统不仅能准确诊断出复杂病例，还能条分缕析地解释诊断逻辑时，我看到了基于思维链（Chain of Thought，CoT）的大模型技术引发的质变：机器开始具备构建思维轨迹的能力。这种基于思维链的大模型技术，正在重塑人类对智能本质的理解，并以前所未有的速度重构着商业文明的基本范式。

传统 AI 系统如同精密的复读机，能够复刻知识图谱，却难以在陌生场景中构建逻辑链条。基于思维链的大模型技术打破了这种僵局，让 AI 系统开始展示出分步推理、因果推断和元认知能力。

更深刻的变革发生在商业层面：当机器开始展示持续的逻辑推演能力时，传统行业的经验壁垒正在崩塌。金融分析师的直觉判断被量化模型超越，法律顾问的合同审查被系统加速，教师的知识传递被智能助教补充。中国企业“行而后知”的实践智慧与基于思维链的大模型技术产生共振。DeepSeek 的崛起不仅验证了低成本模型的可行性，更揭示了技术民主化浪潮下产业格局重构的必然性。本书试图回答三个核心问题：

- 基于思维链的大模型技术如何突破传统 AI 认知瓶颈？
- 这场技术革命将如何重构商业文明的基本范式？
- 在人机协同的新时代，企业和个人如何将大模型技术融合到工作场景中？

读者对象

本书面向多元读者群体，致力于为不同背景的读者创造独特价值。

- 企业管理者：了解基于思维链的大模型技术对行业格局和商业模式的影响，了解大模型驱动的产业变革趋势，把握战略转型时机，从而及时制定与调整战略规划，抢占市场先机，避免在 AI 浪潮中被边缘化。
- 技术决策者：理解基于思维链的大模型技术（如 DeepSeek）的原理及其应用潜力，从而提升技术选型和实践创新能力。
- 创业者：发现大模型催生的市场机会，探索低成本、高效能的商业模式，获取“第二曲线”竞争优势。
- 资深开发人员：学习大模型的技术本质、实现及其在行业中的应用案例，提升技术能力和落地可行性。
- 其他对 AI 技术和商业变革感兴趣的专业人士：获得前沿洞察和实践指导，拓宽知识视野和职业发展空间。

如何阅读本书

本书共 8 章，各章既相互联系又可独立阅读，读者可根据个人需求灵活选择。

第 1 章以时间为轴，描绘 AI 从符号主义到大语言模型的演进过程。通过对 AI 发展脉络的梳理，揭示技术进步如何逐步突破认知边界，并最终迎来能力涌现的新时代。

第 2 章聚焦“涌现”这一关键现象，剖析其背后的机理及其对传统范式的颠覆性影响，同时分析学术界围绕“涌现”的争议及其解决方案——“三位一体”的研究框架。本章旨在为读者提供理解大模型能力涌现的核心视角。

第 3 章系统梳理传统 AI 面临的四大困境，在详细分析传统方法的局限性后，引入思维链作为破局之道，深入解析思维链的技术意义、类型划分及本质特征，帮助读者了解其理论支撑。

第 4 章聚焦 AI 产业格局的变化，以 DeepSeek 的崛起为例，展现低成本模型如何引发算力与知识获取方式的深刻变革。通过揭示“算力美元”垄断背后的逻辑及知识平权趋势的现实意义，引导读者思考 AI 如何重塑资源分配结构，并推动社会向更加公平的方向迈进。

第 5 章深入剖析 DeepSeek 所引发的商业革命，探讨 AI 推理能力对传统价值链条的冲击。通过分析技术红利带来的机遇与挑战，以及中国式创新的独特路径，揭示企业在 AI 时代的生存法则和个人发展的新可能，启发读者思考未来商业模式的重构方向。

第 6 章从技术角度出发，系统解读 DeepSeek 的核心架构与训练技术创新。通过对 MLA、MoE 等关键技术的深度解析，以及对未来训练方法的展望，为专业读者提供理解大模型底层原理的“窗口”，也为技术从业者提供可借鉴的研发思路。

第 7 章聚焦基于思维链的大模型技术在多个领域的实际应用，涵盖机器人、教育、金融、法律、汽车和医学等领域。通过展示具体案例与融合范式，激发读者对 AI 落地可能性的广泛联想。

第 8 章着眼未来，总结当前大模型技术的主要局限，展望其进化方向与生态构建路径，引导读者思考 AI 与社会关系的深层演化，为理解 AI 时代的人文命题提供前瞻性视角。

阅读建议：

- 技术导向路径：第 1 章→第 2 章→第 3 章→第 6 章，聚焦技术原理和架构设计。
- 商业导向路径：第 4 章→第 5 章→第 7 章→第 8 章，关注市场变革和商业应用。
- 行业应用路径：第 7 章→第 8 章，了解行业（即六大领域）实践和未来趋势。

勘误与支持

技术迭代日新月异，本书内容或存在时效性限制和认知边界。我们诚挚欢迎读者的反馈与建议：

- 电子邮箱：Sima@guiji.ai
- 微信公众号：硅基智能（ID 为 nanjingguiyu）

我们将定期在线更新勘误内容，回答常见问题，分享最新的研究进展。你的反馈不仅能帮助我们完善内容，也将成为思维链技术发展的宝贵资产。

致谢

本书凝聚了众多智者的智慧与支持：感谢 DeepSeek 团队开放分享前沿技术与实践经验；感谢我的家人在写作期间的理解与陪伴，正是你们的支持让我能够全身心投入这场思想探险；感谢所有在 AI 领域开拓的先行者——你们的实践与思考，正在编织人类与机器共同进化的思维之网。让我们以开放而审慎的姿态，共同迎接这个充满无限可能的新时代。

司马华鹏

目　录

第 1 章

AI 的进化与大语言模型时代

我们正站在人类认知史上的一个独特转折点——机器不仅开始回答问题，更开始展示它们的思考过程。这种思维链能力的出现，如同望远镜之于天文学或显微镜之于生物学，为我们理解智能本质提供了全新的观察维度。

当机器的思考轨迹首次以透明化的链条呈现，人类认知史的坐标系被重塑。本章将引领读者纵览AI从机械执行到自主推理的认知跃迁，揭示基于思维链的大模型技术如何突破“黑箱困境”，开启人机协作的新纪元。这场变革不仅重构了技术发展的路径，更在知识生产、教育范式、社会伦理等层面引发链式反应，最终指向一个机器与人类共同进化的文明新图景。

1.1 AI进化时间线

AI的起源可以追溯到20世纪50年代。当时，计算机科学家艾伦·图灵（Alan Turing）提出了著名的“图灵测试”，这是AI领域的一个重要里程碑。图灵测试的核心思想是，如果一台机器能够在对话中表现得与人类无异，那么它就可以被认为具有智能。这一概念在当时引起了广泛的讨论和研究，成为AI发展的起点。表1-1展示了AI发展的关键时间线。

表 1-1　AI 发展的关键时间线

时期	关键事件	技术特点
1950—1956 年	图灵测试提出（1950 年）、达特茅斯会议（1956 年）的召开	概念形成期
1956—1974 年	开发出“逻辑理论家”（Logic Theorist）程序（1956 年）、出现 LISP 语言（1958 年）	符号主义黄金期
1974—1980 年	AI 第一次寒冬	资金减少，期望落空
1980—1987 年	专家系统兴起，如 MYCIN 系统[⊖]	知识工程繁荣
1987—1993 年	AI 第二次寒冬	专家系统局限性显现
1993—2006 年	机器学习崛起，出现如 SVM（支持向量机）等算法（1995 年）	统计学习方法兴起
2006—2012 年	深度学习早期阶段，出现受限玻尔兹曼机等算法（2006 年）	无监督预训练突破
2012—2018 年	出现 AlexNet（2012 年）模型与 AlphaGo 程序（2016 年）	深度学习爆发期
2018—2022 年	出现 BERT（2018 年）、GPT-3（2020 年）等预训练语言模型	预训练语言模型时代
2022 年至今	出现 ChatGPT（2022 年）、GPT-4（2023 年）、DeepSeek 等新兴模型	大语言模型与多模态融合

这一时间线展示了 AI 从理论构想到实际应用的演进过程，每个阶段都有其独特的技术特点和里程碑事件。值得注意的是，AI 的发展并非线性前进，而是经历了多次起伏，包括两次明显的“AI 寒冬”，这反映了技术发展与社会期望之间的复杂关系。

⊖ MYCIN 系统虽然是在 20 世纪 70 年代中后期研发的，但它的技术理念深刻影响了后期专家系统。其贡献在于验证了专家系统的可行性，并提供了核心架构模板，推动了后续的知识工程浪潮。

1.2 符号主义与专家系统

20世纪60年代，AI研究主要集中在符号主义（Symbolism）和专家系统（Expert System）上。符号主义试图通过逻辑和规则来模拟人类的思维过程。在这个阶段，研究者们相信通过编写一系列明确的逻辑和规则，可以让计算机模拟人类的推理和决策过程。

符号主义的代表性项目之一是“逻辑理论家”，由艾伦·纽厄尔（Allen Newell）和赫伯特·西蒙（Herbert Simon）在1956年开发。这是第一个被认为具有AI能力的程序，它能够证明数学定理。纽厄尔和西蒙的工作展示了符号主义在解决特定问题上的潜力，但也暴露了它在处理复杂和模糊问题上的局限性。

符号主义的核心思想是通过逻辑和规则来表示知识和推理过程。研究者们开发了各种形式化语言和逻辑系统，希望通过这些工具来模拟人类的思维。例如，约翰·麦卡锡（John McCarthy）提出了LISP编程语言，这是一种专门用于AI研究的符号处理语言。LISP的灵活性和强大的表达能力使它成为AI研究中的重要工具。

然而，符号主义也面临着一些挑战。

首先是知识表示的复杂性。人类的知识是复杂和多样的，很难通过一组固定的规则来完全表示。

其次是推理过程的复杂性。符号主义方法在处理简单和明确的问题时表现良好，但在面对复杂和模糊的问题时，往往显得力不从心。

与此同时，专家系统开始崭露头角。专家系统是通过编码专家知识来解决特定领域的问题。一个著名的例子是 MYCIN，这是 20 世纪 70 年代开发的一个医学诊断系统。MYCIN 能够根据输入的症状和实验室结果，提供诊断建议和治疗方案。

MYCIN 的系统诊断流程如图 1-1 所示。MYCIN 的开发展示了专家系统在特定领域中的潜力。它通过一系列“如果 – 那么”（if-then）规则来模拟医生的诊断过程。例如，如果患者有发热、咳嗽和胸痛的症状，那么 MYCIN 可能会建议其检查是否患有肺炎。MYCIN 的成功激发了人们对其他领域的专家系统的研究热情，如金融、法律等。

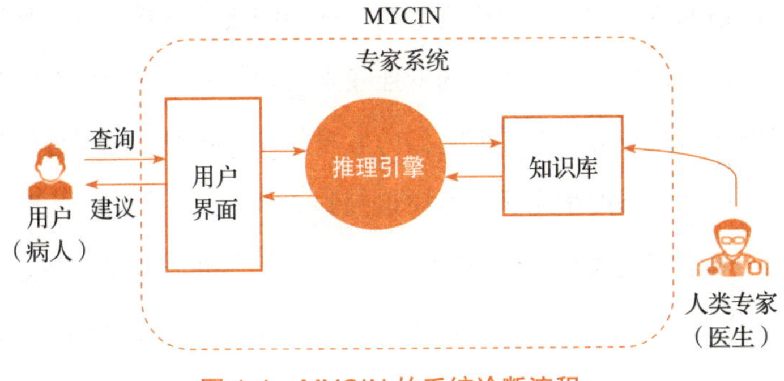

图 1-1　MYCIN 的系统诊断流程

但是，专家系统也有其局限性。

首先是知识获取的局限性。专家系统需要大量的专家知识，而这些知识往往是隐性的，很难通过传统的方法获取。

其次是知识更新的局限性。随着科学技术的发展，专家知识需要不断更新，而专家系统的规则往往是固定的，更新起来非常困难。

尽管如此，符号主义和专家系统的研究仍为AI的发展奠定了重要基础。它们验证了通过逻辑和规则来模拟人类思维的可能性。这些早期的探索为后来的神经网络和机器学习的研究提供了宝贵的经验和教训。

1.3 机器学习兴起

进入20世纪80年代，AI研究迎来了一个新的高潮。神经网络和机器学习开始崭露头角。神经网络的灵感来自人脑的结构，通过模拟神经元之间的连接来处理信息。尽管早期的神经网络模型相对简单，但它们为后来的深度学习奠定了理论基础。神经网络的早期研究可以追溯到20世纪40年代，当时沃伦·麦卡洛克（Warren McCulloch）和沃尔特·皮茨（Walter Pitts）提出了第一个数学模型——“麦卡洛克－皮茨神经元”（McCulloch-Pitts Neuron）。这是一个简单的二进制模型，用于模拟神经元的基本功能。尽管这个模型非常基础，但它为后来的神经网络研究奠定了理论基础。

然而，真正的突破发生在 20 世纪 80 年代，随着反向传播算法（Backpropagation）的提出，机器学习才真正兴起。反向传播算法由 Geoffrey Hinton、David Rumelhart 和 Ronald Williams 在 1986 年提出，它解决了训练多层神经网络的难题，使得神经网络在处理复杂任务时变得更加高效。反向传播算法通过计算误差的梯度，并将梯度信息反向传播到每一层神经元，从而调整权重，逐步减少误差。这一算法的提出使得训练深层神经网络成为可能，极大地推动了神经网络的发展。在这一时期，神经网络的应用开始逐渐扩展到各个领域。例如，在图像识别方面，神经网络被用于识别手写数字，并取得了显著的成果。Yann LeCun 等人在 1989 年开发的 LeNet-5 模型，是一个用于识别手写数字的卷积神经网络（Convolutional Neural Network，CNN）。它在 MNIST 数据集上的表现非常出色，成为神经网络应用的经典案例。

与此同时，机器学习也在这一时期得到了快速发展。机器学习的核心思想是通过数据驱动的方法让计算机从经验中学习，而不是依赖于预定义的规则。这个阶段的研究主要集中在监督学习（Supervised Learning）和无监督学习（Unsupervised Learning）上。监督学习通过标注数据进行训练，而无监督学习则试图从未标注的数据中发现模式和结构。

监督学习的一个经典应用是分类问题。例如，垃圾邮件过滤器通过学习大量标注为“垃圾邮件”或“正常邮件”的数据，自动识别和过滤垃圾邮件。SVM 和决策树（Decision Tree）是这一时期常用的监督学习算法，它们在各种分类任务中表现出色。

无监督学习则主要用于聚类和降维等任务。例如，*k* 均值聚类算法通过将数据点分成若干簇，使得同一簇内的数据点尽可能相似，而不同簇之间的数据点尽可能不同。再如，主成分分析（Principal Component Analysis，PCA）是一种常用的降维技术，通过将高维数据投影到低维空间，保留数据的主要特征。

此外，强化学习（Reinforcement Learning）作为机器学习的一个重要分支，也在这一时期得到了发展。强化学习通过与环境的交互，学习如何采取行动以最大化累积奖励。一个经典的例子是 TD-Gammon，这是由 Gerald Tesauro 在 1992 年开发的一个强化学习系统，它通过自我对弈，学会了下西洋双陆棋（Backgammon），并达到了接近人类专家的水平。

总的来说，20 世纪 80 年代是神经网络和机器学习快速发展的时期。神经网络通过反向传播算法解决了训练多层网络的难题，在处理复杂任务时变得更加高效。机器学习则通过数据驱动的方法，让计算机从经验中学习，广泛应用于分类、聚类和强化学习等任务。这一时期的研究为后来的深度学习和 AI 应用奠定了坚实的基础。

1.4 深度学习的突破

21 世纪初，随着计算能力的提升和大数据的积累，AI 研究进入了新阶段。深度学习成为 AI 领域的主导方法，特别是在计算机视觉、语音识别和自然语言处理（NLP）等领域取得了突破性进展。

深度学习的关键里程碑是 2012 年 AlexNet 在 ImageNet 竞赛中的胜利。Krizhevsky 等人于 2012 年提出的深度卷积神经网络将图像分类错误率从 26.2% 降至 15.3%，这一准确率的显著提升标志着深度学习时代的正式开启。此后，深度学习模型在各类视觉任务中迅速超越了传统方法，并逐步接近甚至超越人类水平。

深度学习的成功可归因于 3 个关键因素：计算能力的指数级增长、大规模标注数据集的可获取性和算法的创新。拥有强大计算能力的 GPU（图形处理单元）的应用使神经网络的训练速度提升了数十倍，而互联网产生的海量数据为模型提供了丰富的学习资料。在算法方面，反向传播算法的改进、激活函数的优化和正则化技术的发展共同解决了深层网络训练中的梯度消失和过拟合等问题。

深度学习为多个领域带来了变革性的影响。

- 在计算机视觉领域，从 AlexNet 到 ResNet，再到 Vision Transformer，模型架构不断演进，识别精度持续提升。
- 在语音识别领域，深度神经网络将识别错误率降低了约 30%，推动了智能语音助手的普及。
- 在自然语言处理领域，从 Word2Vec 到 BERT 和 GPT（Generative Pre-trained Transformer）系列，表示学习的进步使机器对语言的理解和生成能力实现了质的飞跃。

深度学习的发展路径反映了 AI 研究范式的转变。从 20 世纪 50 年代的符号主义到 20 世纪 80 年代的连接主义，再到 21 世纪的深度学习，AI 研究经历了从规则驱动到数据驱动的转变。深度学习的核心优势在于其端到端的学习能力，模型可以直接从原始数据中自动提取特征，无须人工设计特征提取器，这大大降低了对领域专家知识的依赖，提高了模型的通用性和可扩展性。

1.5　大语言模型时代

大语言模型（Large Language Model，LLM）是自然语言处理领域的一个重要突破。大语言模型通过训练海量的文本数据来学习，能够生成和理解自然语言。近年来，OpenAI 的 GPT 系列模型成为大语言模型的代表。本节将深入探讨大语言模型时代，特别是 GPT-4 所展现的卓越性能及其面临的挑战与应对方法。随后，我们将详细探讨缩放定律（Scaling Law）与能力涌现现象，分析这些现象背后的原理及其对大语言模型发展的影响。最后，我们将探讨大语言模型的未来发展及其可能给各个领域带来的变革。通过学习这些内容，我们将更好地理解大语言模型的现状、挑战及未来趋势。

1.5.1　GPT-4：大语言模型的里程碑

GPT-4 作为 OpenAI 推出的新一代大语言模型，代表了当前自然语言处理技术的最高水平，可谓大语言模型领域的里程碑。

1. 卓越的表现

该模型在多项基准测试中展现出接近人类水平的表现，并在某些专业领域的测试中展现出超越普通人类的能力。GPT-4

的核心技术突破体现在多个方面。

首先，GPT-4 的多模态能力使它能够同时处理文本和图像输入，实现跨模态理解和推理。例如，GPT-4 能够分析图表、解读图像内容并基于视觉信息生成相关文本。

其次，GPT-4 在推理能力上取得了显著进步，能够处理复杂的逻辑问题和完成多步骤推理任务。在数学和编程等需要严谨逻辑思维的领域，GPT-4 表现出色。

再次，GPT-4 在知识广度和准确性方面有明显提升，涵盖了更广泛的领域知识，并减少了事实性错误。

目前，GPT-4 已经在多个领域展示了它的应用潜力。

- 在教育领域，GPT-4 能够提供个性化的学习辅导，解答学生问题，并生成教学材料。
- 在法律领域，GPT-4 能够分析法律文件，提取关键信息，并协助起草法律文书。
- 在医疗领域，GPT-4 能够辅助医生进行初步诊断，提供医学文献参考，以及帮助患者理解复杂的医学术语。

2. 挑战与应对

然而，GPT-4 仍然存在一些局限性。

1）幻觉（Hallucination）问题：模型可能生成看似合理但

实际上不准确的内容。

2）偏见问题：模型的输出可能反映训练数据中存在的社会偏见。

3）透明度和可解释性问题：由于模型的复杂性，因此其决策过程往往难以解释和理解。

OpenAI 采取了多种措施来解决这些问题。通过 RLHF（人类反馈强化学习）技术，GPT-4 的输出更加符合人类价值观和偏好。通过红队测试和对抗性评估，OpenAI 识别并修复了模型中的潜在安全漏洞。此外，OpenAI 还建立了安全系统，限制模型生成有害内容。

随着技术的不断进步和应用场景的拓展，大语言模型有望在更多领域发挥重要作用，推动 AI 技术的进一步发展。

1.5.2　缩放定律与能力涌现

当前大语言模型最显著的特征就是符合缩放定律和发生能力涌现现象。缩放定律是能力涌现的基础条件，而能力涌现是规模缩放带来的非线性结果。二者共同构成了大语言模型向更高智能迈进的核心动力机制。

1. 缩放定律

大语言模型参数规模的扩张遵循明确的数学规律。Kaplan

等人在 2020 年通过系统实验发现：模型性能与参数规模呈对数线性关系，即性能提升与参数量的对数成正比。这一“缩放定律”为模型设计提供了理论指导，表明在当前架构下，性能提升可通过增加参数量、训练数据量和计算量来实现。

这种规模扩展带来的能力质变在多个领域得到了验证。我们可以看到，OpenAI 的 GPT-3 拥有 1750 亿个参数，而最新的 GPT-4 据推测已经达到了惊人的 1.8 万亿个参数。斯坦福大学人工智能研究所（Stanford HAI）在《2023AI 指数报告》中指出，GPT-4 在专业考试中的表现已经超过了 85% 的人类考生，在复杂数学推理任务（如国际数学奥林匹克竞赛问题）上的准确率较 GPT-3 提升了 47%。这意味着，随着模型规模的扩大，AI 不仅在简单的任务上表现出色，还在复杂的、高度专业化的任务中展现出卓越的能力。然而，这种发展模式也引发了一些争议。Meta 的首席 AI 科学家 Yann LeCun 认为：单纯扩大参数规模可能使模型陷入“数据拟合陷阱”，即在缺乏真正的理解的情况下，依赖记忆和模式匹配来完成任务。他强调，虽然大规模模型在很多任务上表现出色，但它解决问题的方式未必基于深层次的理解或推理。

2. 能力涌现

能力涌现可以理解为“某些能力在模型规模未达到特定阈值之前几乎不存在或表现极差，而超过阈值后，这些能力会突然出现或显著提升”。例如，GPT-3 在参数量达到 1750 亿后突然展现出了少样本学习（Few-Shot Learning）能力，而这一能力在较小模型中几乎不存在。

提示： Anthropic 的研究表明，能力涌现通常发生在特定的参数规模阈值之上，且不同能力的涌现阈值各不相同，这表明语言理解和推理能力可能有不同的复杂度层级。

从实证角度看，大语言模型的能力涌现已在多个领域得到验证。

- **在医学领域，** Singhal 等人在 2023 年发现，当参数超过 1000 亿后，模型在医学执照考试（USMLE）上的表现出现质变，从低于及格线跃升至接近人类医生的水平。
- **在数学推理领域，** 当参数规模达到特定阈值后，模型能够解决需要多步推理的复杂问题，这种能力在小型模型中完全不存在。

在这个背景下，大语言模型的涌现能力与以下关键技术的突破紧密相关。

首先是 MoE（Mixture of Expert，混合专家）。 谷歌的 Switch Transformer 通过动态激活子网络模块，在保持推理效率的同时突破了万亿参数的规模。这种方法不仅提高了模型的性能，还显著降低了计算资源的消耗。

其次是稀疏注意力机制。OpenAI 采用的局部注意力窗口有效降低了计算复杂度，使得大规模模型的训练和推理变得更加高效。这种机制通过只关注输入数据中的一部分，减少了计算量，同时保持了模型的性能。

最后是训练数据优化。Anthropic 公司提出的“基于预设宪章规则的 AI 系统”通过规则约束提升了数据质量。这种方法不仅提高了模型的训练效率，还增强了模型在实际应用中的可靠性和安全性。

这些发展不仅在学术界得到了广泛认可，也在实际应用中展现出了巨大的潜力。然而，随着 AI 技术的不断进步，我们也需要面对一些新的挑战和问题。例如，如何确保 AI 的公平性和透明性，如何防止 AI 被滥用，以及如何在保护隐私的同时充分利用 AI 的潜力。这些问题需要我们在技术、伦理和法律等多个层面进行深入的探讨和研究。

1.5.3 从预训练范式到推理范式的转变

在 AI 的发展历程中，“预训练范式”一直扮演着至关重要的角色。这种范式更像是“知其然”的学习方式：模型在海量数据的“考试”中，通过人类的对齐和反馈，大致理解了世界应当怎样运转，能够根据统计规律和经验回答大多数问题。

在预训练范式下，大语言模型通过海量的语料库进行学习，并在人工对齐或人类监督的帮助下，逐渐掌握世界运行的总体脉络。它们能理解词语组合的统计规律，也能回答常见的知识性问题，还能在复杂的场景下进行一定程度的推断。然而，这种学习的核心仅仅在于经验积累与模式识别，只能回答“What”问题：

- 这是什么？
- 它有什么特征？
- 我该怎么模仿这样的文风？

在这个阶段，模型更像一位“见多识广但未必深究”的学生，通过不断做题、背题、记题来迅速扩充知识储备。它可以在多数场合给出漂亮的答案，却没有真正了解为何如此回答。这使得模型的“思考”带有统计意义上的正确性，却常常欠缺真正的推理内核。

与之相对，推理模型更强调“知其所以然”，试图探究推理链的合理性、有效性和可解释性，即回答了“Why”的问题。最令人惊艳的是，这些模型正逐步展现出自反思能力：当一条推理链出现漏洞或者低效时，模型可以主动检讨自己的思路，并尝试修正或优化。

1）为什么“Why”如此重要？在现实世界中，许多问题并非简单的选择题，需要深度探究其背后逻辑。只有理解了内在原因，才能举一反三、通晓变化。

2）自反思如何实现？某些新型推理模型会先输出一条详细推理链，再根据反馈或额外提示，对其中的关键逻辑节点进行调整或重构。这就好比先写下完整的解题步骤，再逐行检查错漏并加以修正。

当模型具备了这种解决“Why”问题的推理能力后，AI的实用性和可靠性都会得到质的提升，因为它不再只是“看似正确”，而是能够理解“为什么正确”。

许多研究者预测，在不远的未来，AI将迎来一个“思维链爆发式发展”的阶段。届时，模型将不再仅是数据驱动的回答机器，而会成为真正的推理者。随着推理能力的提升和细化，模型会在特定领域内发展出高度专业化的推理能力：

- 医学推理：借助大量临床数据，模型能做出更准确的诊断与病因分析。
- 数学推理：在高等数学、代数几何等领域给出严谨的推导过程。
- 材料生物推理：通过材料特性与生物数据的互相映射，发现新的分子结构或解决方案。

这些垂直领域的推理能力远胜简单的知识堆砌，它将引领全新的科研范式。

推理能力越发成熟后，下一步就是“如何执行”（How）。

当模型知道了"为什么"之后，就能根据具体的环境上下文去制定最佳执行策略，进而带来真正的行动层变革。例如，在具身智能领域，机器人可能因为理解了"为什么"要这样做，而不只是按程序动作，更能随机应变地完成任务。这意味着我们需要更完善的伦理和监管框架，以防止 AI 在没有正确价值引导的情况下带来不良后果。毕竟，一个能够反思和推理的 AI，要么是人类的强大助力，要么就是潜在的巨大威胁。

第 2 章

能力“涌现”的机理、工作范式与争议

复杂性的奇迹不在于其各部分之和，而在于当规模达到临界点时，系统突然迸发出的全新能力。

能力涌现是大模型发展中最引人瞩目的现象之一，它打破了传统认知中能力线性增长的假设，揭示了复杂系统中潜在的非线性特性。能力涌现和涌现式 AI 是相互依存、相互促进的关系。能力涌现是涌现式 AI 的核心特征，是系统在复杂条件下自发产生的新能力；而涌现式 AI 为涌现能力的出现提供了条件和环境。通过不断探索更大规模、更复杂的模型，涌现式 AI 能够产生更多、更强的能力涌现，从而推动 AI 的发展。

为了让读者更全面地认识能力涌现现象和涌现式 AI，本章将首先介绍能力涌现现象形成的机理，之后分析传统 AI 工作范式的五大局限，从而引出涌现式 AI 的工作范式与经典案例，最后分析关于能力涌现的学术争议及其解决方案。

2.1 能力涌现的机理

本节将系统探讨大模型能力涌现的机理，帮助读者全面理解该现象形成的深层次原因。

当前研究认为，能力涌现源自三个层面的相互作用。

- 模型复杂度的相变：当模型的参数维度超过临界值时，高维空间中的表征能力会发生质变。类似于生物神经网络中突触连接的密度突破引发意识涌现，大模型的注意力头、前馈层间的交互模式在临界规模后会形成全局协同。
- 分布式表征的耦合：大规模参数使得知识片段能以超线性方式组合。例如“量子物理”和“诗歌创作”的独立表征在足够大的模型中被非线性交互激活，产生跨领域类比能力。
- 外部接口的催化作用：模型具备基础的世界知识后，RLHF、工具调用等外部交互会触发能力跃迁。这类似于生物进化中基因突变与环境选择的共同作用。

值得注意的是，当模型突破某个复杂度阈值后，原来看似不连续的能力其实对应于损失函数曲面的特定凹陷区域。这种非线性跃迁本质上仍是规模扩展的副产品。

2.2 涌现式 AI 的工作范式与经典案例

本节先分析了传统 AI 工作范式的五大局限与涌现式 AI 工作范式的特点，并给出 AlphaFold 系统中的具体能力涌现现象，帮助读者理解能力涌现。

2.2.1 传统 AI 工作范式的五大局限

传统的 AI 工作范式建立在“能力叠加”的基础上，即认为系统能力是通过模块化设计、特定算法和明确指令累积形成的线性过程。在这种范式下，开发者需要为每一项功能编写专门的代码，系统只能完成被明确设计的任务。这种传统范式存在多重局限性，制约了 AI 的突破性发展。

第一，传统范式遵循“特定问题，特定解决方案”的思路。这导致 AI 系统高度专业化，缺乏通用性。例如，一个专门下国际象棋的 AI 可能在棋盘上无敌，但无法理解简单的自然语言；一个图像识别系统可以分类数千种物体，却无法解释它们之间的关系。这种能力孤岛现象限制了 AI 系统应对复杂、动态环境的能力。

第二，传统范式中的“确定性编程”使系统难以处理模糊性和不确定性。开发者必须预见并编程处理所有可能的情况，这在实际应用中几乎不可能完成。当系统遇到训练中未见过的场景时，往往表现得僵化而脆弱，无法灵活应对变化。

第三，传统范式下的系统扩展性差。随着任务复杂度增加，所需的规则和代码量呈指数级增长，最终达到人类无法有效管理的程度。例如，IBM 早期的专家系统尝试通过增加更多规则来提升能力，但很快陷入了“规则爆炸”的困境，系统变得臃肿且难以维护。

第四，传统范式很难突破“天花板效应”。系统性能提升通常需要开发者不断优化算法和增加特性，但每一步改进都比前一步更加困难，导致投入产出比持续下降。这种范式下的进步往往是渐进式的，很难实现突破性飞跃。

第五，传统范式过度依赖人类的先验知识和指导。这限制了系统发现新模式和解决方案的能力。系统只能沿着设计者预设的思路运行，难以产生创造性和超越设计者认知边界的解决方案。

2.2.2　涌现式 AI 的工作范式

能力涌现现象揭示了一个全新的真相：当系统复杂度和规模达到临界点后，会突然产生质变，展现出全新的、无法从单个组件中预测的行为和能力。

这种非线性能力跃迁在自然界中比比皆是。例如，单个水分子没有“湿润”的特性，但大量水分子聚集后就会展现这种特质。涌现式 AI 同样遵循这一原理。这种“能力突现”不遵循传统的线性改进路径，具体表现为以下几方面。

1. 创造条件与自发演化

涌现式 AI 的工作范式强调系统能力的自发产生。在这种范式下，设计者的角色更像是“创造条件”，而不是直接定义每一项功能。设计者通过构建一个具备一定的初始条件和规则的基础架构，从而让系统在运行过程中能够自发地产生期望的能力。这种设计思路的核心在于从“控制”转向“培育”，从直接编程具体行为转向构建能够自发演化的基础架构。

以AI中的大模型为例，设计者并不直接定义模型在每一个具体任务上的行为，而是通过大规模的预训练，让模型在海量数据中学习语言的模式和规律。通过这种方式，模型能够自发地产生多种能力，如自然语言理解、文本生成、情感分析等，而无须针对每一个任务进行单独的编程。这种能力的涌现并非设计者预先定义的，而是系统在运行过程中通过自发演化和学习自然产生的。又如，在复杂系统的建模中，设计者可以通过定义系统的初始状态和演化规则，让系统在运行过程中通过自组织和自适应的方式产生复杂的行为。

这种设计思路的转变带来了多方面的优势。

首先，它提高了系统的灵活性和适应性，使系统能够更好地应对复杂多变的环境。

其次，它降低了设计的复杂性，设计者无须为每一个功能编写详细的代码，而是通过构建一个通用的基础架构来实现多种功能。

最后，它促进了系统的创新性，因为系统在运行过程中可能会产生设计者未曾预料到的新能力。

2. 构建能够自发演化的基础架构

在涌现式 AI 的工作范式下，构建能够自发演化的基础架构是关键。这种架构需要具备以下特点。

- 灵活性：架构能够适应不同的任务和场景，无须针对每一个任务进行重新设计。
- 学习能力：架构能够通过与环境的交互不断学习和优化自身的行为。
- 自组织能力：架构能够通过内部的机制实现自我组织和协调，从而产生复杂的行为。

2.2.3　能力涌现的经典案例

AlphaFold 的能力涌现尤为引人注目，因为蛋白质折叠问题被认为是生物学中最复杂的挑战之一，被称为“50 年难题”。生物学家长期以来依靠 X 射线晶体学和冷冻电镜等实验方法来确定蛋白质结构，每个结构可能需要数月甚至数年的时间，费用高达数十万美元。传统计算方法虽然速度更快，但准确率始终停留在 40% ～ 60% 的水平。

AlphaFold 的突破点在于，它并非由研究者明确编程了蛋白质折叠的规则，而是通过整合序列比对、物理模拟和深度学习，创造了一个能够自主“理解”蛋白质折叠机制的系统。当系统规模和复杂度达到临界点时，其大部分的蛋白质结构预测的准确率突然跃升至92.4%，接近实验方法的精度，而且速度提高了数千倍。2022年7月，DeepMind宣布它已预测了人体中98.5%的蛋白质结构，以及20多个生物体内超过200万种蛋白质的结构。

更令人惊讶的是，AlphaFold表现出了对蛋白质功能的“理解”——它能够预测出蛋白质的活性位点、结合位点和相互作用区域，这些能力远超过传统的单纯的结构预测。科学家们惊讶地发现，系统能够预测出从未在训练数据中出现过的新型蛋白质家族的结构，这表明它掌握了蛋白质折叠的基本物理原理和进化规律，而非简单的模式识别。

2.3 能力涌现的学术争议及其解决方案

这种能力涌现的科学解释仍存在争议，本节就来了解具体的争议点和可能的突破之法，以帮助读者从更深的层次了解能力涌现以及它未来可能的发展方向。

2.3.1 学术争议分析

关于能力涌现的本质，学术界已形成两大阵营，争论焦点直指AI研究的哲学根基和认知科学的核心问题。一方支持

“智能萌芽说”，认为大模型中涌现的能力代表着某种原始智能的萌芽；另一方则持“统计幻觉论”，认为所谓能力涌现不过是精巧的统计伪装。这场学术论战不仅关乎技术评估，更触及我们如何定义和理解智能本身。

1. 智能萌芽说

智能萌芽说的论点主要如下。

1）系统性泛化能力：模型在符号操作任务中展现出超越训练分布的适应性。例如，Chen 等人在 2021 年发表的论文“Evaluating Large Language Models Trained on Code”中指出，经过代码训练的模型能正确执行未见过的字符串变换规则，准确率高达 98.7%，表明模型可能掌握了抽象规则而非简单记忆。

2）多路径协同验证：自洽性解码策略通过采样 40 条推理路径进行多数表决，使 GSM8K 准确率提升至 74.4%，接近人类平均水平，具体参见 Wang 等人于 2022 年发表的论文“Self-Consistency Improves Chain of Thought Reasoning in Language Models”。这种群体智慧效应与人类科学共同体的知识验证机制存在结构相似性。

3）元认知特征显现：高级大模型展现出对自身认知局限的判断能力。在 TruthfulQA 测试中，GPT-4 能够对自己不确定的回答添加置信度标注，并拒绝回答超出其知识范围的问题，或标明回答可能存在不确定性。这种“知道自己不知道”的特性被认知科学家视为元认知能力的初级形态，是智能系统的重要特征。

2. 统计幻觉论

持统计幻觉论的研究者则提出了一系列有力反证。

1）数据泄露的隐蔽影响：在数学推理任务中，模型在训练集常见题型上的准确率（68%）显著高于新颖题型（32%），暗示它依赖记忆而非真正理解。更极端的案例是，将问题中的数字替换为字母后，模型性能骤降至接近随机猜测的水平，表明它对问题结构缺乏真正的理解。

2）提示工程的欺骗性：通过逆向工程分析发现，思维链提示本质上是激活了特定的注意力模式。例如，在常识推理任务中插入无关逻辑词（如“因此太阳是蓝色的”），准确率仍能提升 3.2%，表明性能改善可能源于模式触发而非逻辑增强。这种现象被批评者称为“虚假推理”，即模型并非真正理解推理过程，而是找到了与正确答案相关的统计模式。

3）跨模态迁移的失败：大模型在纯视觉推理任务（如几何图形旋转）中表现接近随机猜测，即便提供详细文字描述，其空间推理能力仍无法突破符号系统的局限。认知科学家指出，真正的智能应当能够在不同表征系统间建立映射，而大模型在这方面表现出明显局限。

4）逻辑一致性的缺失：尽管大模型能够生成看似合理的

推理链，但深入分析表明，它们常常在保持长序列逻辑一致性方面较为失败。例如，在复杂伦理推理任务中，模型可能在几个段落内自相矛盾，却不自知，这被认为是缺乏真正逻辑理解能力的关键证据。

2.3.2　突破之法：“三位一体”的研究框架

要化解争议、突破瓶颈，需建立“三位一体”的研究框架，即通过神经符号融合、动态评估体系和生态化训练范式，为 AI 的发展提供系统化的解决方案。当前技术正处于“弱涌现”向“强涌现”过渡的关键期，唯有直面黑盒困境、建立跨学科对话，方能在统计关联与真实智能之间架起可验证的桥梁。这条探索之路不仅关乎技术突破，更承载着人类对智能本质的永恒追问。

1. 神经符号融合：结合可解释性与泛化能力

神经符号融合是将符号系统的可解释性与神经网络的泛化能力相结合的方法。符号系统擅长逻辑推理和知识表示，能够为复杂问题提供清晰的推理路径和可解释性；而神经网络则在处理大规模数据和模式识别方面表现出色，能够有效应对复杂多变的环境。例如，DeepMind 的“推理验证器”架构通过引入外部逻辑引擎对中间推理步骤进行校验，显著提升了数学推理的准确率——达到了 82.3%。此外，VERUS-LM 系统通过结合神经网络与符号推理，在多种推理任务数据集上表现出色，尤其是在复杂推理场景下，其准确率大幅领先于其他方法。这种融合方式不仅保证了推理过程的逻辑性和可解释性，还借助神经网络的泛化能力，使得模型在面对新的问题时能够更加灵活地进行推理。

2. 动态评估体系：构建多维评估指标

传统的模型评估往往以准确率作为主要指标，然而，这在许多复杂任务中显得过于单一和片面。动态评估体系的构建，旨在通过引入更多维度的评估指标，更全面地衡量模型的性能。这些指标包括推理链的逻辑密度、错误传播抗性、信息增益等。MIT 提出的“信息增益框架”是一个典型的例子。该框架通过量化每个推理步骤的贡献度，能够更精准地识别出推理过程中的关键步骤和潜在错误点。实验表明，这种多维评估体系能够将错误检测率提升至 96%，显著提高了模型的可靠性和稳定性。此外，通过引入逻辑密度和错误传播抗性等指标，可以更好地评估模型在复杂推理任务中的表现，避免因单一指标的局限而导致的误判。

3. 生态化训练范式：探索小样本优化方法

当前，许多 AI 模型的训练依赖于大规模数据的暴力缩放，这种方法虽然在一定程度上能够提升模型的性能，但也带来了巨大的计算成本和资源消耗。生态化训练范式则试图突破这一传统路径，通过借鉴认知科学的理论和方法，探索小样本优化方法。

“思维进化”（MetaScale）算法是一个创新的尝试。该算法模拟儿童的概念形成过程，通过逐步引导模型学习和理解基本概念，进而实现对复杂问题的推理和解决。实验结果表明，在仅使用 1% 训练数据量的情况下，该算法能够达到与传统方法同等的性能。这种基于认知科学的小样本优化方法，不仅能够有效降低训练成本，还能够提高模型的泛化能力和适应性。

大模型的能力涌现为思维链技术的诞生奠定了基础。正是因为模型在规模达到临界点后突然获得了多步推理能力，研究者才能够通过适当的提示策略引导模型展示其推理过程。可以说，思维链技术是对大模型能力涌现的有效挖掘和系统化应用。如果将大模型比作一块蕴含丰富能力的原石，那么思维链技术就是精心设计的切割工艺，它让模型隐藏的推理能力以最优雅、最有效的方式呈现出来。

第 3 章

传统 AI 困境与思维链

“思维链技术不仅是AI推理能力的一次飞跃，更是人类与机器思维交汇的里程碑。通过让AI系统展示其思考过程，我们不仅提升了其解决问题的能力，也为人机协作开辟了全新的可能性。”

本章将首先分析传统 AI 的四大局限性与认知突破路径，随后将认识思维链技术（兴起与发展、思维链与 AI 推理的关系）、思维链的类型，以及思维链的本质。通过本章的学习，读者将全面理解思维链技术，为后续章节的学习奠定基础。

3.1 传统 AI 的四大困境与认知突破路径

AI 的发展就像一个孩子的成长。传统的 AI 虽然能给出答案，但说不清楚解题思路。就像一个只会背答案的学生，知其然不知其所以然。这种状态让 AI 在实际应用中频频碰壁。接下来详细了解传统 AI 面临的具体挑战。

3.1.1 符号统计之困

符号主义的优势在于其推理过程具有良好的可解释性和逻辑严密性，但往往依赖于人工构建的规则和知识表示，这使得它在面对开放性、动态变化和复杂环境时缺乏灵活性。一旦遇到超出预设规则的情况，系统便难以自适应，甚至可能完全失效。

相对而言，传统统计方法通过数据分析发现简单的统计规律和关联性，它的核心在于利用数据驱动的学习机制实现知识的自动获取和模型的自我调整。而深度学习模型本质上是统计方法的高级演化形式，它利用多层神经网络结构，在发现统计规律和关联性的基础上实现了更复杂的特征提取和表示学习能力。基于统计方法的深度学习模型能够从海量数据中自动抽取特征，并在诸如图像识别、语音处理等任务中取得突破性进展。这种方法的灵活性和鲁棒性使得统计模型在处理模糊、非结构化数据时表现出色。然而，这类模型的内部决策过程往往是黑盒式的，缺乏明确的逻辑推导路径，因而在可解释性和可验证性上存在明显不足。

这种符号与统计的鸿沟使得传统 AI 要么在精确推理方面表现出色但应用范围有限，要么在广泛的应用场景中表现良好但推理能力较弱。

例如，谷歌翻译作为统计方法的代表性产品，在处理跨文化语境时展现出明显的局限性，这恰恰反映了符号与统计方法的鸿沟。2016 年，谷歌翻译从基于短语的统计模型升级为神经网络模型，虽然流畅度大幅提升，但在处理文化特定表达时仍然困难重重。一个典型案例是中文成语“画蛇添足”直译为英文“ draw a snake and add feet”，完全丧失了原有的“多此一举”的含义。虽然谷歌翻译会进行大规模语料库学习，但因缺乏对文化概念的符号化表示和推理能力，无法建立跨语言文化概念间的映射关系。

这一局限在处理语用学层面（如讽刺、幽默和委婉表达）时尤为明显。2022 年，当输入英文讽刺语句“Yeah，I really love waiting in long lines”（是啊，我真的很喜欢排长队）时，谷歌翻译往往按字面意思翻译，完全丢失了讽刺意味。这是因为统计模型无法理解言外之意，而这恰恰需要符号化的推理能力和对社会文化规范的理解。

3.1.2 黑盒决策之困

传统 AI 如同一位天赋异禀却沉默寡言的决策者，它能在瞬息间完成人类难以企及的计算，却始终拒绝透露思考过程。这种被称为“黑盒决策模式”的特性，既是深度学习革命性突破的基石，也成为制约 AI 发展的阿喀琉斯之踵。

黑盒决策模式的核心优势在于其处理复杂模式的能力。2012 年，当 AlexNet 在 ImageNet 竞赛中的准确率突破 75% 时，人们首次见识到了 DNN（Deep Neural Network，深度神经网络）通过多层非线性变换，自动提取图像特征的惊人能力。这种“端到端”的学习方式摆脱了传统机器学习依赖人工特征工程的局限，就像拥有无限耐心的观察者，能在百万次试错中捕捉人类难以言喻的细微特征。

然而，当 AI 进入日常生活中关乎生命与权利的现实决策的领域（医疗、交通、司法）时，其黑盒特性就不再只是一个技术难题，而可能转化为威胁公共安全的隐患。

黑盒决策模式的内在脆弱性在对抗样本（Adversarial Examples）研究中暴露无遗。MIT 教授 Goodfellow 在 2014 年发现，对输入图像施加人眼不可见的扰动，就能使先进 DNN 将熊猫识别为长臂猿。更惊人的是，这种攻击具有跨模型迁移性，如在 ResNet 上生成的对抗样本，对 Inception-v3（一种深度卷积神经网络架构）的欺骗成功率高达 73.6%，图 3-1 展示的是一个识别错误的示例。

感知问题

向图片中添加精心设计的噪声可以创建一张新图像，人类会认为新图像与原图像是一样的，但深度神经网络（DNN）会将它视为完全不同的图像。

通过这种方式，任何初始图像都可以进行调整，使深度神经网络将其错误分类为研究人员选择的任何目标图像。

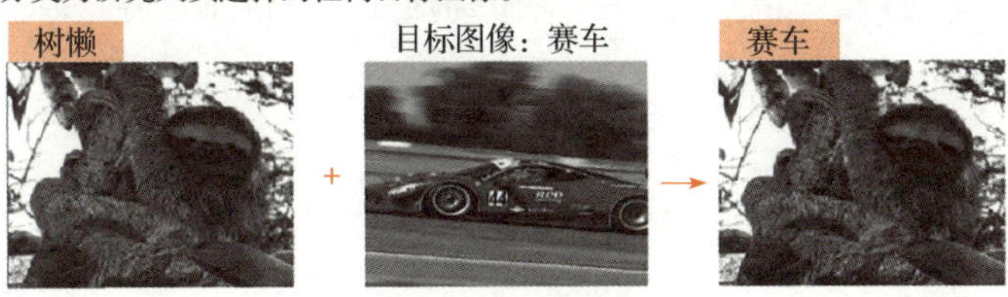

图 3-1　识别错误的示例

黑盒决策模式本质上反映了AI发展中的根本矛盾：模型复杂性与可解释性之间的天然对抗。人类大脑同样存在黑盒特性，但我们通过语言符号系统实现了思维外化。AI是否也能学习类似的方法？正如Geoffrey Hinton在2023年图灵奖演讲中所言："真正的智能不在于隐藏思考过程，而在于能够清晰解释为何如此思考。"这将成为破解黑盒困境的终极钥匙。

3.1.3 单步推理之困

早期的AI也有推理能力，但它在推理能力上存在明显的局限性，这主要体现在单步推理（Single-Step Reasoning）模式上。单步推理模式类似于让学生只给出最终答案而不展示中间解题过程，其本质在于早期的AI在面对复杂问题时，缺乏对问题进行分解和逐步推导的能力。以数学问题为例，采用单步推理模式的AI可能会直接输出一个结果，但由于缺乏详细的逻辑推导过程，用户难以判断结果的正确性，因此无法对错误进行追踪和纠正。而面对需要逻辑推演的问题时，单步推理模式的缺陷便会暴露无遗。这种"输入–输出"的直筒式思维架构，在21世纪的最初10年曾推动深度学习快速发展，却也成为制约AI进阶的阻碍。

我们可以通过以下两个例子来体会单步推理的缺陷。

1）认知断层的实证困境。OpenAI在2019年发布的GPT-2

技术报告中明确指出，当处理“小明有 5 个苹果，吃掉 2 个后妈妈又给他 3 个，现在小明总共有几个苹果”这类多步骤数学题时，模型直接输出总数的准确率仅为 58%。而在需要四则运算的场景下，错误率更是飙升至 72%。这种只有小学生水平的推理能力，限制了它的实际应用范围，还可能在关键领域（如医疗诊断、金融决策）中导致严重后果。

2）语义理解的维度坍塌[一]。在自然语言处理领域，单步推理会导致语义解析的维度坍塌现象。谷歌研究院 2020 年实验表明，BERT 模型在处理嵌套超过三层的复合句（如“虽然张经理反对李总监的方案，但考虑到王董事坚持要推进，他不得不改变自己的立场”）时，对代词语义指向的误判率会从单层句子的 12% 激增至 58%。它们可能会根据表面的关键词进行判断，而忽略句子结构和上下文语境中的重要信息，从而导致误解。这种局限性限制了 AI 在复杂场景中的应用，如法律判决、科学研究等领域，这些问题需要综合考虑多个因素，并通过逐步分析和推理来做出决策。

另外，单步推理模式使得 AI 在面对动态变化的环境和复杂多样的问题时，难以进行灵活的调整并适应。它们无法根据问题的具体情况和上下文信息，动态地调整推理策略和步骤，

[一] “维度坍塌”是一个与数据表示和模型训练相关的重要概念，通常指在高维空间中，数据或模型的某些特征维度未能被充分利用，导致信息丢失或模型性能受限。

从而限制了它在实际应用中的广泛性和有效性。

3.1.4 因果认知之困

传统 AI 最深刻的局限性在于其因果认知困境——它们能记忆现象，却无法理解本质。2019 年斯坦福大学针对 GPT-2 的经典实验揭示了这一困境：当被问及“冰块置于阳光下会如何”时，这类传统 AI 能正确回答“融化”；但当场景置换为“冰块放入冰箱”时，GPT-2 还是给出了同样的结论，完全忽略了环境温度对物态变化的决定性作用。

这种认知缺陷源于传统 AI 的表面模式匹配机制。模型通过海量文本统计发现“冰 + 地点→融化”的强关联模式，却未能建立“温度阈值决定物质相变”的因果模型。

在更复杂的常识推理测试中（如“水泼斜坡流向判断”），GPT-2 准确率骤降至 32%（人类的准确率为 98%），这暴露出传统 AI 是机械关联，而非真实理解的本质差异。又如，“水泼斜坡流向判断”测试要求模型预测水倒在不同角度的斜坡上的流动方向。这一测试看似简单，但实际涉及复杂的物理因果理解：

1）重力作用导致水向下流动。

2）斜坡倾斜角度决定水的主要流向。

3）斜坡表面摩擦力影响流速。

4）水量和水压也会影响水的流动路径。

人类即使没有经过专业物理知识学习，也能凭借日常经验和基本的物理直觉（重力使物体下落）正确预测。而传统 AI 模型虽然“见过”大量描述液体流动的文本，却无法构建“重力 + 斜面角度→流向”的因果推理模型，只能通过文本中的表面关联进行猜测，导致在多数非标准情境中预测失败。

因果认知困境在需要严格逻辑推导的领域表现得尤为明显，来看两个示例。

1）生物常识推理：“植物生长需要什么”这类问题中，传统 AI 可能仅提供“阳光、水和营养”的标准答案。但当情境变化为“沙漠中的仙人掌生长需要什么”时，传统 AI 同样会给出需要“充足水分”的错误回答。这暴露了 AI 无法构建复杂生态适应机制的因果模型。实际上，仙人掌进化出特殊的生理结构（如减少叶片面积，以及进化出发达的根系和储水组织），使它能在极度缺水的环境中生存。人类理解这种适应性差异需要整合进化论、生物学和生态学的多层次因果关系，而传统 AI 仅能提取“植物 + 生长→需要充足水分”的简单关联，无法理解不同物种在特定环境中的生理适应机制与生存策略。

2）社会行为预测：面对“雨天忘关车窗”的情境，传统AI可能仅停留在“雨水进入车内”的表面关联，无法构建出完整的因果链，也难以理解人类在发现问题后可能采取的应对行为逻辑。人类理解这一场景会涉及多重因果链：雨水会进入车内（物理因果）→车内设备和装饰可能被损坏（后果推理）→车主发现后会返回关窗或采取补救措施（人类意图推理）。但系统难以理解物理常识（雨水渗透）与人类行为模式（返回处理）的关联。

3.1.5 认知突破路径

传统AI的四大局限共同指向了传统AI缺少类似于人类思维推理的能力。AI本质上是对人类智能的模仿与再现，因此我们不妨从人类认知过程中寻找灵感。通过分析人类解决问题的思维方式与传统AI模型之间的差异，我们可以探索AI认知突破的可能路径。

我们用表3-1来对比一下人类思维与传统AI模型的差异。

表3-1 人类思维与传统AI模型的差异

对比维度	人类思维	传统AI模型
问题解析	动态分层拆解	整体模式匹配
信息处理	工作记忆暂存中间态	单次前馈计算
知识整合	符号规则+直觉判断	基于统计的相关性（即概率分布）来决策
错误修正	因果追溯能力	概率分布调整

这种对比揭示了传统 AI 可能的突破方向：若能使 AI 具备类人的分步思维架构——在工作记忆中暂存推理状态，动态整合符号规则与经验直觉，进行多步因果推演，则可能跨越现有的认知鸿沟。这催生了认知科学启发下的“思维链”技术，标志着 AI 从统计拟合向因果推理演进的关键转折。

3.2 认识思维链

面对传统 AI 的种种局限，思维链技术应运而生，它不仅是技术上的迭代，更是范式（Paradigm）上的革命。这里的范式指的是一个领域内被普遍接受的思维模式、理论框架和方法论，它决定了研究者如何观察、理解和解决问题。这一突破性技术为 AI 注入了前所未有的推理能力，使实现 AGI 成为可能，彻底改变了人们对大模型能力边界的认知。

3.2.1 思维链的兴起与发展

思维链技术的兴起代表了大模型推理能力发展的重要里程碑。2022 年，谷歌研究院发表的一篇论文“思维链提示激发大语言模型的推理能力”（Chain of Thought Prompting Elicits Reasoning in Large Language Models）中首次系统性提出了这一概念，证明通过引导模型展示推理步骤，可显著提升模型在复杂任务上的表现。研究表明，当模型参数达到一定规模（如 PaLM 540B）时，使用思维链提示可将算术推理准确率从 17.9% 提升至 57.1%，验证了思维链能力是大模型的关键涌现能力之一。

在思维链技术的发展过程中，零样本（Zero-shot）思维链是一个技术方面的重要突破。Kojima 等人在 2022 年发表的研究中发现，仅通过在提示中添加“让我们一步一步思考”这样简单的指令就能激发模型的分步推理能力。此项发现降低了思维链技术的使用门槛，使模型在不需要示例的情况下也能有效应用。

图 3-2 展示了一个“让我们一步一步思考”的示例。

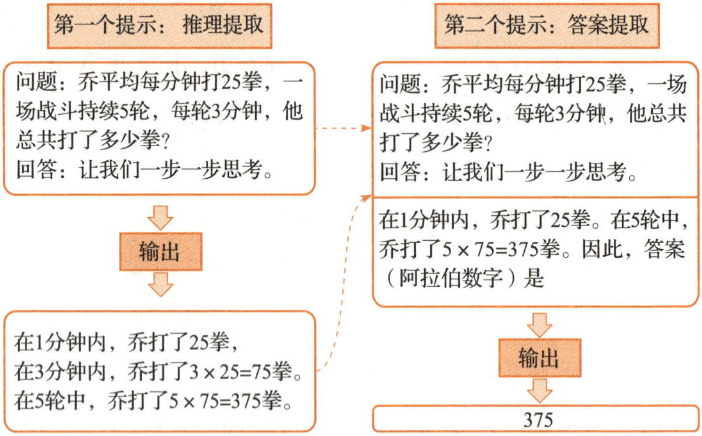

第一个提示：推理提取

问题：乔平均每分钟打25拳，一场战斗持续5轮，每轮3分钟，他总共打了多少拳？
回答：让我们一步一步思考。

输出

在1分钟内，乔打了25拳，
在3分钟内，乔打了3 × 25=75拳。
在5轮中，乔打了5 × 75=375拳。

第二个提示：答案提取

问题：乔平均每分钟打25拳，一场战斗持续5轮，每轮3分钟，他总共打了多少拳？
回答：让我们一步一步思考。

在1分钟内，乔打了25拳。在5轮中，乔打了5 × 75=375拳。因此，答案（阿拉伯数字）是

输出

375

在上述示例中，我们首先使用第一个提示从大模型中提取完整的推理路径，然后使用第二个提示从推理文本中提取正确格式的答案。

图 3-2 “让我们一步一步思考”示例

思维链技术的进一步发展体现在多种变体上。2023 年，Anthropic 公司的研究人员提出的“自洽性验证”（Self-Consistency）方法通过生成多个推理路径并获取多数结果，将模型在 GSM8K 数学数据集的准确率提升至 78.2%。同年，微软研究院提出的“树状思维”（Tree of Thoughts）框架进一步扩展了思维链概念，可以支持推理过程中的分支探索和回溯。树状思维在解决复杂谜题类任务时表现尤为突出。例如，在 24 点游戏中，传统思维链方法的准确率仅为 4%，而 ToT 框架通过多路径搜索和自我评估，成功率提升至 74%。

Meta AI 的研究人员在 2023 年发表的“语言模型能解决计算机任务”（Language Models Can Solve Computer Tasks）一文中展示了思维链技术在计算机操作任务中的应用，证明大模型能够通过分步推理执行网页浏览、表单填写等复杂任务，并且准确率达到了 69.7%。而 OpenAI 的 GPT-4 结合强化学习驱动的推理时扩展（Inference-Time Scaling）技术，在复杂数学推理任务中的准确率突破至 82.1%（清洗后子集为 76.3%）。而 DeepSeek-R1 作为首个开源推理模型，通过透明化多步推理链和强化学习训练，在数学解题与代码生成任务中达到了与 GPT-4 相当的性能，并且计算效率提升了 30%，引爆了大家研究和应用大模型的热情。

3.2.2 思维链与 AI 推理的关系

AI 推理，即 AI 系统基于已有信息，运用逻辑、规则或统计模型推导新结论的能力，是衡量其智能水平的核心指标。思维链的整合贯穿于大模型开发的整个生命周期，从数据准备到最终部署，每个环节都有其独特的策略与方法。

1. 预训练阶段：隐性推理能力的奠基

在预训练阶段，模型接触海量、多样的文本数据，这是其推理能力的基础。虽然大部分数据未被显式地标注推理步骤，但其中蕴含着丰富的逻辑关系和事实知识。例如，科技文献、数学论文和高质量代码库中包含了大量的定义、证明、因果关系和算法流程，模型在学习语言模式的同时，也潜移默化地吸收了这些文本背后隐含的推理结构。

为了进一步强化这种能力，研究者们会构建包含明确推理路径的专用数据集。这些数据集通常以“问题 - 推理过程 - 答案”的格式呈现，覆盖数学、常识推理、科学问答等领域。通过在这类数据上进行持续的预训练，模型能够更直接地学习如何构建逻辑连贯的思维链条，为大模型后续在特定任务上的应用奠定坚实的基础。

2. 微调阶段：对齐推理行为

微调是让通用大模型适应特定任务的关键环节，也是将思维链能力“显式化”和“对齐”的核心阶段。此阶段主要采用以下两种策略。

1）指令微调（Instruction Tuning）：通过构建包含大量“展示思考过程”指令的数据集，对模型进行微调。例如，指令可以是“请详细解释你是如何得到这个答案的”或“请一步步解决这个问题”。模型通过学习这些范例，掌握在回应特定提示时生成思维链的格式与风格。

2）基于反馈的对齐：这是更深层次的对齐方法。传统的模型优化多基于“结果监督”（Outcome Supervision），即只判断最终答案是否正确。而为了优化推理过程本身，研究者们转向了“过程监督”（Process Supervision）。在这种范式下，人类标注者或更高阶的模型会对 AI 生成的推理步骤进行逐一评估和反馈。结合强化学习技术，如基于 RLHF 及其变体，模型会因为生成逻辑正确、清晰易懂的推理步骤而获得奖励，反之则受到惩罚。这种机制能有效引导模型生成高质量、符合人类认知偏好的思维链。

3. 推理阶段：推理过程的显性化与执行

在推理阶段，模型将前两个阶段训练和微调所获得的能力付诸实践。当模型接收到一个需要复杂推理才能解决的问题时，思维链的核心作用便是将其内在的、不可见的计算过程，转化为外在的、可供审阅的结构化文本，即一步步的推理步骤。

这一过程的显性化，除了增强可解释性与可信度之外，还带来了两个关键价值。

1）提升复杂任务的性能：对于需要多步逻辑、算术计算或因果分析的问题，强制模型进行逐步思考可以显著降低出错率。它将一个复杂的大问题分解为一系列更小、更易于管理和解决的子问题，从而引导模型得出更准确的最终答案。

2）为人机协作提供基础：显性化的推理过程也为更深度的人机协作创造了条件。用户不仅可以看到模型的推理过程，还可以在某个环节介入，修正其错误的步骤或提供额外信息，引导模型给出正确的结论。

思维链贯穿于大模型生命周期的各个阶段，通过数据、算法和架构的协同设计，使 AI 的推理过程向着更透明、更可靠、更强大的方向演进。

3.3 思维链的类型

思维链技术自提出以来快速发展，已经衍生出多种变体，每种变体各有特色，适用于不同场景。这些方法不仅丰富了思维链的应用范围，也为研究人员提供了多样化的工具来增强 AI 的推理能力。

(1)零样本思维链

零样本思维链是指无须提供示例，仅通过添加简单提示词，如“让我们一步一步思考”就能引导模型展示推理过程的方法。Kojima 等人在 2022 年发表的《大型语言模型的零样本推理》论文中证明，零样本思维链能使 GPT-3 在算术推理任务上的准确率提高约 30%。这种方法的优势在于实施简单、不需要额外的训练数据，可以直接应用于现有模型。谷歌的研究表明，零样本思维链在不同语言和文化背景的问题上都表现良好，这体现了其普适性。

(2)少样本思维链

少样本（Few-shot）思维链通过提供少量带有推理过程的示例，引导模型学习如何进行逐步推理。Jason Wei 等人在思维链相关研究中，通过在提示中包含 2 ～ 8 个示例引导模型学习逐步推理的方法。研究表明，少样本思维链在复杂推理任务上通常比零样本思维链效果更好，特别是对于需要采用特定推理模式的问题而言。斯坦福大学的研究者在 2023 年的对比实验中发现，在 MATH 数据集上，带有 8 个示例（8-shot）的思维链比零样本思维链的准确率高出 22.4%。

（3）自洽思维链

自洽（Self-Consistency）思维链由 Wang 等人在 2022 年发表的“自洽性提升思维链推理”的论文中提出。它是一种可生成多条思维链并通过多数投票确定最终答案的方法。其核心思想是利用大语言模型随机生成答案，产生多种不同的推理路径，然后选择最一致的结果。实验表明，在 GSM8K 数据集上，自洽思维链将 PaLM 540B 模型的准确率从 57.1% 进一步提升至 74.4%。DeepMind 的研究人员形象地将自洽思维链比喻为“思维的集体智慧”，能够减少单一推理过程中的错误和偏见。

（4）反思式思维链

反思式（Reflective）思维链是由 Anthropic 团队于 2023 年提出的一种方法，允许模型对自己的推理过程进行评估和修正。这种方法模拟了人类的元认知（Meta Cognition）能力——思考自己的思考。实验表明，当模型能够审视并修正自己的推理步骤时，在数学和编程等任务上的表现将显著提升。具体来说，在复杂算法问题上，具备反思能力的 Claude 的模型正确率比基础版本高出 18.6%。

除上述主要类型外，还有思维链的很多变体不断涌现，如表 3-2 所示。

表 3-2　思维链的变体

变体类型	核心创新	典型应用
验证式思维链	引入外部知识库来验证中间步骤	学术论文事实核查
树形思维链	构建推理树进行广度优先搜索	棋类游戏策略规划
多模态思维链	融合视觉、语音等多模态输入	工业设备故障诊断
分布式思维链	多专家模型协同推理	跨学科的科研问题求解

在选择思维链方法时，需综合考虑以下维度。

- 问题复杂度：简单问题适用零样本思维链，复杂问题需要自洽或反思式思维链。
- 领域特异性：专业领域优先少样本思维链，开放领域适合零样本思维链。
- 容错要求：高风险场景必须使用自洽思维链。
- 计算资源：自洽思维链相较于普通的（向前推理）思维链，通常需要 5 ～ 20 倍计算量，反思式推理需要额外存储和应用验证规则。

当前最前沿的混合式思维链（如谷歌的 CoT-X），已实现动态方法选择——根据输入问题特征自动切换推理模式（思维链）。在 BIG-Bench 测试集中，这种自适应策略使综合推理效率提升 37%，标志着思维链技术进入智能化发展阶段。

3.4 思维链的本质

本节将带领读者探索思维链的本质。

3.4.1 模拟人类思维

认知科学研究表明，人类思维的关键特征是序列性和递进性。诺贝尔奖获得者 Herbert Simon 在其经典著作《人工科学》（*The Sciences of the Artificial*，1996）中提出，人类解决问题的过程是一种“有限理性”（Bounded Rationality）下的“满意性搜索”（Satisficing Search）——我们不是一次性考虑所有可能性，而是逐步构建和评估可能的解决方案。这一观点在现代认知科学中得到了广泛验证。

普林斯顿大学认知科学家 Philip Johnson-Laird 在《心智模型》（*Mental Models*，1983）中进一步阐述了人类如何通过构建问题的内部表征，步步推进地探索解决方案。近期脑成像研究也支持了这一观点。哈佛大学神经科学家 Nancy Kanwisher 的团队 2021 年发表在《自然－神经科学》（*Nature Neuroscience*）上的研究显示，当人类解决复杂推理问题时，前额叶皮层呈现出序列性激活模式，反映了思考的阶段性特征。

而思维链技术模拟了这种步进式思考模式，与传统的“端到端”AI 方法形成鲜明对比。谷歌 DeepMind 的研究员在“通过思维链实现类人推理”（Human-like Reasoning via Chain of Thought，2022）论文中提到：当大语言模型通过思维链进行推理时，其生成的中间步骤与人类解决同样问题时的思考步骤高度相似。这种相似性不仅体现在步骤的顺序上，还体现在关注点的转移和逻辑结构上。斯坦福大学的研究进一步表明，思维链不仅是技术上的创新，更是实现人机思维融合的重要桥梁——它使机器能够“像人类一样思考”，而不仅仅是“像人类一样回答”。

3.4.2　慢思考

丹尼尔·卡尼曼（Daniel Kahneman）在《思考，快与慢》中区分了人类的两种思考系统：系统 1（快速、自动、无意识）和系统 2（缓慢、费力、有意识）。传统 AI 主要模拟系统 1，而思维链则使 AI 具备了类似系统 2 的思考能力，这对于处理复杂问题至关重要。

卡尼曼的双系统理论为我们理解思维链技术提供了强大的理论框架。系统 1 负责直觉判断和快速反应，而系统 2 负责复杂推理和逻辑分析。传统的机器学习模型，特别是深度神经网络，主要表现出系统 1 的特征——能够快速识别并匹配模式，然后给出答案，但难以解释其决策过程。相比之下，思维链技术引入了类似系统 2 的思考过程，使 AI 能够处理需要深度推理的任务。

普林斯顿大学的心理学家 Eldar Shafir 在《思考与决策》（*Thinking and Deciding*，2018）中指出，系统 2 思维的关键特征是其可控性和可追踪性——思考者能够有意识地监控和调整推理过程。思维链技术赋予了 AI 这种能力，使 AI 不再是一个不透明的决策黑盒，而是一个能够展示和解释推理过程的系统。

在神经科学领域，耶鲁大学的神经科学家 Amy Arnsten 的研究表明，人类的前额叶皮层在系统 2 思维中起着关键作用，它允许我们抑制直觉反应，进行抽象思考和多步骤规划。有趣的是，伦敦大学学院的研究人员在 2022 年发表在《科学》（*Science*）杂志上的论文中发现，配备思维链能力的大模型的激活模式与人类进行系统 2 思考时的脑活动模式存在惊人相似之处。

3.4.3 元认知涌现

元认知在人类智能中扮演着核心角色。John Flavell 在 1979 年首次系统性地提出元认知概念，将元认知定义为“对自己认知过程的认知和调控”。研究表明，元认知能力强的学习者往往表现更佳，因为他们能够监控自己的理解，识别错误，并适时调整策略。这被认为是人类高级思维的核心特征之一。

思维链技术赋予了 AI 一定程度的元认知能力——思考自己的思考。这种自反思能力使 AI 系统能够识别并纠正自己的错误，不断完善推理过程。

通过思维链，大语言模型展示出了初步的元认知特征。例如，在解决复杂问题时，模型能够识别自己的错误并进行自我纠正："等等，我刚才的计算有误，让我重新思考……"这种自我监控和错误修正能力，在认知科学中被视为元认知的重要表现。

皮亚杰的认知发展理论为思维链技术的未来演进提供了重要启示。皮亚杰认为，人类认知从感知运动阶段发展到形式运算阶段，是一个逐步内化和抽象化的过程。类似地，AI 系统的发展可能需要从具体经验到抽象推理的渐进路径。

认知科学家 Lakoff 的概念隐喻理论进一步表明，人类的抽象思维根植于身体经验和感知互动。这暗示着，未来的思维链技术可能需要整合多模态感知和交互式学习，才能实现更接近人类的认知能力。

哈佛大学认知科学实验室主任 Elizabeth Spelke 指出："思维链技术的出现，为我们提供了一个前所未有的机会，不仅可以构建更强大的 AI 系统，也可以通过这些系统更深入地理解人类认知本身。”这种 AI 与认知科学的双向启发，或将开启智能研究的新纪元。

3.4.4 通用 AI 桥梁

思维链技术的出现使我们看到了通向通用 AI 的可能路径。通过赋予 AI 系统透明的推理能力和自我反思能力，我们正在逐步消除人类智能与机器智能之间的差距。虽然当前的思维链技术仍有局限，但它无疑是朝着真正智能系统迈出的重要一步。

加州理工学院的计算认知科学团队认为，通用 AI 需要同时具备感知、记忆、规划和推理能力，而思维链技术为规划和推理提供了关键的实现机制。通过思维链，AI 系统能够分解复杂目标，生成逐步执行的计划，并灵活应对不确定性——这些都是 AGI 的核心要求。

有研究者提出，思维链技术可能代表了 AI 发展的“第三范式”：第一范式是符号主义（基于明确规则和逻辑），第二范式是连接主义（基于数据驱动的学习），而第三范式则是将两者融合，实现基于神经网络但具有明确推理能力的混合智能。AI 发展范式示意图如图 3-3 所示。纽约大学的 Gary Marcus 在《重建 AI》（*Rebooting AI*）中指出，通向真正智能系统的路径必须结合神经网络的学习能力和符号系统的逻辑推理能力，思维链技术恰恰提供了这种融合的可能性。

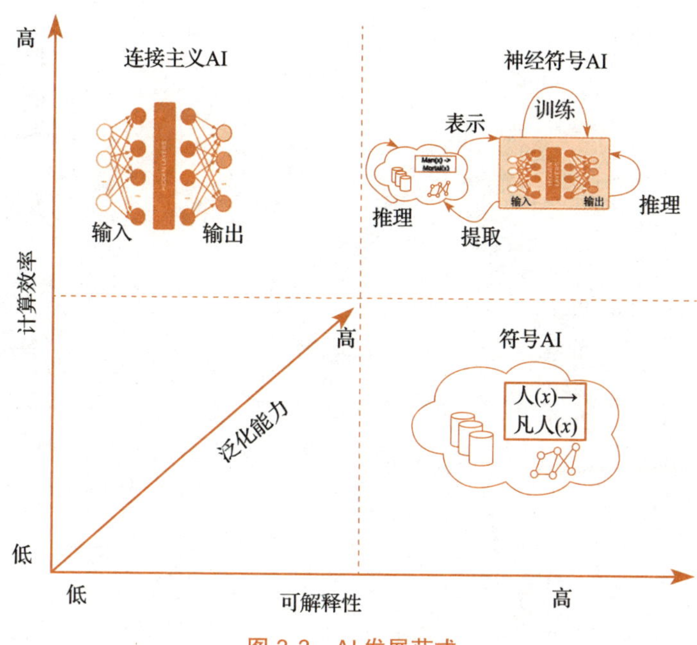
高
连接主义AI
输入
输出
神经符号AI
训练
表示
推理
推理
提取
计算效率
高
泛化能力
符号AI
人(x)→
凡人(x)
低
低
可解释性
高

图 3-3　AI 发展范式

第 4 章

AI 产业变局与知识平权

技术的民主化不仅仅是降低了成本，更是重新定义了权力分配的过程。

当技术创新达到临界点，历史往往会在毫无征兆之际被重写。本章将带领读者见证一个关键的历史转折点——DeepSeek 的突破性进展重塑全球 AI 产业版图，并带来知识平权。

4.1 DeepSeek 新纪元

2025 年春节，DeepSeek（深度求索）横空出世，全球各界热议的焦点都落在它的身上。有褒扬、有质疑，也有算法改进速度过快的担忧，各种声音纷至沓来。本节将分析 DeepSeek 的崛起之路与世界 AI 竞争博弈的格局。

4.1.1 崛起之路

早在 2021 年，这家中国的对冲基金公司便洞察到 AI 在金融领域之外的广阔前景，并意识到实现规模效益对于获取竞争优势至关重要。基于这一战略洞察，该基金投资购置了 10 000 个英伟达 A100 GPU。2023 年 5 月，他们进一步将 AI 业务拆分为独立公司 DeepSeek，致力于深化 AI 技术的研发。尽管当时外界对商业模式尚不明朗的 AI 项目兴趣不高，但这并未阻止他们自筹资金启动 DeepSeek 的决心。

如今，DeepSeek 不仅与母公司共享人力资源和计算设施，而且已经成长为一项极具发展空间和前瞻性的 AI 产业，彻底颠覆了许多媒体对其仅为“副业”的误解。分析显示，DeepSeek 的服务器资本支出接近 13 亿美元，而运营这些庞大集群的成本高达 7.15 亿美元。与传统 AI 实验室不同，DeepSeek 只从中国招聘人才，且不看重过往资历，而是重点关注求知欲和能力。北京大学、浙江大学等顶尖院校的应届毕业生是他们的主要人才来源。据报道，其团队规模正在迅速扩大。正是这种算力充足、专注敏捷的小型初创模式，使得 DeepSeek 能够迅速将新思想落地，并在全栈技术上进行颠覆性创新。

在技术方面，DeepSeek V3 引入了前所未有的 MTP（多令牌预测）技术，扩展了注意力模块，使模型在训练和推理时均实现了低计算量下的性能提升。此外，他们采用了 FP8 精度训练，并构建了 MoE（混合专家模型），通过“门控网络”这种高效路由令牌进一步降低了推理成本。最令人瞩目的创新是 MLA（多头潜在注意力机制），该技术将对 KV 缓存的需求减少了约 90%，大幅降低了硬件消耗。正是这些架构上的突破，使得 DeepSeek 的预训练成本降至 600 万美元，远低于 OpenAI GPT-4 超过 1

亿美元的训练成本，在推理服务价格、市场竞争力方面获得显著优势。具体技术解析请参见第 6 章的内容。

4.1.2 AI 竞争博弈

在国际政治经济角力中，美国主导的芯片出口管制始终制约着高端 GPU 的供应。自 H100 发布以来，美国已逐步收紧高性能芯片出口限制，仅允许带宽受限的 H800 进入中国市场。尽管如此，DeepSeek 凭借庞大的采购和囤积策略，为其研发和应用提供了足够的算力支持。未来，随着出口管制趋严，预计中国企业将更加注重自主芯片研发与本土 GPU 的替代，这将为生态系统的完善和全球 AI 竞争格局带来深远影响。

笔者认为，DeepSeek 的成功不仅在于技术创新和成本优势，更在于它对未来 AI 定价机制的洞察。DeepSeek 的出现打破了长期以来 AI 领域“巨额投入、硬件垄断”的基本假设（具体解释参见 4.2 节）。以往，企业依赖英伟达高端 GPU（如 H100）进行大规模训练和推理，这不仅导致计算资源紧张，还使得相关成本居高不下。如今，DeepSeek 等实验室通过算法优化实现了用更少的资源获得相当甚至更高性能的突破，已经对 H100 和 H200 的定价产生了实际影响，推动 GPU 需求和价格出现新的波动，这正是杰文斯悖论在 AI 领域初步显现的生动体现。

提示：杰文斯悖论（Jevons Paradox）是由 19 世纪英国经济学家威廉·斯坦利·杰文斯（William Stanley Jevons）在 1865 年提出的经济学理论。该悖论指出，当技术进步提高了资源的使用效率时，该资源的总消耗量反而可能会增加，而不是减少。

其核心逻辑是：技术进步使得资源的使用效率提高，从而降低了使用资源的成本。这会刺激消费者和企业增加对该资源的需求，扩大其使用范围或频率，最终导致资源的总消耗量上升。例如，瓦特改良蒸汽机后，煤炭的燃烧效率提高，但煤炭的总需求却因蒸汽机的广泛应用而大幅增加。

与此同时，与 DeepSeek 竞争的还有美国诸多实验室和科技巨头。例如，谷歌在其 Gemini Flash 2.0 Thinking 模型中也展示了“低价、高效”的特性，其定价更低、性能表现与 DeepSeek 不相上下，但市场热度低于中国的 DeepSeek R1 模型。有人将 DeepSeek 与 OpenAI 的 o1、o3 进行比较，虽然在部分基准测试中 R1 不乏优势，但其推理性能并非在所有指标上均明显领先，且部分数据存在误导性。无论如何，DeepSeek 凭借开放权重的策略和极具成本优势的架构，正在重新定义 AI 模型的研发与定价机制。

正如在半导体制造领域，率先进入新能力层级的企业往往能获得定价溢价，而迅速跟进者只能获得微薄利润。DeepSeek

以零利润率甚至负利润率提供推理服务，打破了传统的高价壁垒，从而获得了更大的市场份额。随着技术的不断进步，未来实现相同能力所需的计算资源将进一步降低，这将推动整个生态系统向硬件与软件协同的创新方向转变。

总的来说，DeepSeek 的出现为全球 AI 竞争带来了全新的思路，也在短期内对美国 AI 产业及相关算力公司造成了不可忽视的冲击，但像英伟达这样的全球行业巨头仍将保持稳固的地位。未来的 AI 竞争，将更多取决于生态系统的完善、人才的培养以及跨领域的协同创新，而不仅仅是单一模型的训练成本。

4.2 中美 AI 发展路径分析

DeepSeek 之所以备受瞩目，是因为它挑战了自 2022 年 11 月 ChatGPT 发布以来支撑市场的两大假设：一是，想要在 AI 领域竞争或应用 AI 的公司必须进行巨额且耗能的投资；二是，英伟达在生产 AI 所需芯片方面的垄断地位使得企业不得不大笔投入，维持对其产品的依赖。

总而言之，DeepSeek 揭穿了硅谷的一个重大的谎言，那就是搞大模型需要很多钱。

与此同时，美国和中国在 AI 领域正走上截然不同的道路。

美国的软件公司，如 OpenAI、Anthropic 和谷歌的 DeepMind，凭借充足的高端 GPU（如英伟达的 H100、A100），采用“暴力计算”的策略，不断投入强大算力来提升模型性能，从而在短期内推动了大模型的发展。然而，充裕的计算资源也使得这些公司在算法优化方面缺乏动力，过度依赖硬件来堆算力而忽视了计算效率的提升。

相较之下，中国企业由于受到美国 GPU 出口管制，无法获得最新一代的高端芯片，往往只能依赖国产 GPU 或受限的英伟达产品（如 A800、H800）。在资源稀缺的环境下，中国企业被迫深入优化算法，通过精细的计算图设计、高效的数据加载策略、先进的量化技术以及模型剪枝和权重共享方案，实现更高的计算效率。这种“被逼出来的”优化能力，使得中国企业在有限算力下创造出更具竞争力的产品。

然而，这是否意味着美国未能有效遏制中国 AI 产业的快速发展？ DeepSeek 是否能取代 OpenAI 的 ChatGPT ？这一系列问题引发了广泛讨论。部分专家认为，DeepSeek 的出现迫使美国硅谷不得不以更低的成本进行创新。特朗普甚至公开表示，“我们必须全神贯注于竞争，中国的冲击对硅谷而言或许是‘正面’的影响。”与此同时，AI 技术变得更便宜，此前因成本限制而被拒之门外的众多行业得以解锁新的应用场景，这也将推动半导体行业需求的整体增长。尤其对中国互联网企业来说，DeepSeek 的低成本优势带来了重大利好。腾讯等公司在构建 AI 模型时，可以利用现有的 H800 和 H200 资源进一步探索高效算法优化。

4.3 打破“算力美元”垄断

货币的本质是价值的符号化载体，正如《人类简史》作者尤瓦尔·赫拉利所说，货币也是智人的一个虚构故事。从 20 世纪中叶布雷顿森林体系建立“黄金美元”的霸权，到 1971 年美元与黄金脱钩，再到“石油美元”依托全球能源贸易延续信用，美元始终在不断更换“靠山”，以保持其国际统治地位。

当石油霸权面临新能源革命冲击和美国债务突破 35 万亿美元之时，美联储迫切需要为美元寻找新的价值支撑，试图借助科技力量“续命”。近年来，“算力美元”的概念应运而生。美国试图通过掌控全球 AI 芯片供应链与算力基础设施，将美元信用与数字文明的底层资源绑定，进而构筑技术垄断优势，为美元“换皮”。

美国推出了“算力美元”计划：

第一招，将英伟达 H100 芯片炒作成“数字金砖”，宣称训练 AI 必须用美元购买算力“门票”。

第二招，通过大手笔投资建设 AI 数据中心，疯狂囤积

GPU 资源。

第三招，借助股市炒作，把英伟达市值推向天际。

然而，DeepSeek 以极低成本利用显卡打破了 OpenAI 的训练记录，并开源代码。

科技霸权并非坚不可摧。从历史上英国的蒸汽机霸权到美国的芯片霸权，再到如今对 AI 领域的围堵，中国始终能够凭借自身发展实现突破。美国庞大的债务规模如同一颗定时炸弹，其风险在各种新概念的包装下仍难以掩盖。

展望未来，全球货币竞争将更加激烈。中国在新能源车领域的崛起、中东逐步以人民币进行贸易结算、欧洲探索数字货币等趋势，都预示着美元霸权正遭遇前所未有的挑战。曾经的“黄金美元”与“石油美元”在历史长河中轮番上阵，如今“算力美元”也面临技术与市场的双重考验。如果美元失去了科技压制力，其主导地位必将走向终结。

4.4　引领知识平权时代

人类文明的发展史，是一部不断打破垄断、实现平等的历史。从政治权利到经济资源，从教育机会到信息获取，每一次“平权”，都推动了社会向前迈进一大步。

今天，我们正站在一个新的历史节点上——一个由 AI 驱动的“知识平权”时代正在到来。在这个时代，知识不再是少数人的特权，能力不再受限于出身，天赋也不再被环境埋没。AI，尤其是以 DeepSeek 为代表的大模型技术，正在以前所未有的方式，将高阶认知工具带入寻常百姓家，让每个普通人都能获得超越时代的思维能力和行动力量。

人们常常问：为什么有人成功，有人却始终挣扎？许多人相信努力决定命运，但现实告诉我们，真正拉开人与人之间差距的是“认知差、信息差、竞争差与执行差”这 4 个核心维度。

而今天，AI 技术的普及，正在从根本上改变这一格局。

1. 认知平权：让每个人都能看见世界的本质

认知差本质上是理解世界的能力差异。它决定了一个人能否在纷繁复杂的信息中抓住重点，在混乱的局势中看清方向。

在贵州的一所山区学校里，一位教师通过 DeepSeek 的认知推理模块，在 3 天内就掌握了国家最新教育改革的核心要点，效率是传统培训方式的 3 倍。这意味着，哪怕身处教育资源匮乏的地区，个体依然可以通过技术手段迅速提升认知水平，获得与一线城市教育者同等的理解深度。

这种变化的意义远不止于提高效率，而是标志着一种全新的“认知民主化”趋势——知识成为人人可轻松获得的公共资源，成为每一位渴望进步的人的日常工具。

2. 信息平权：让每个人都能看见属于自己的机会

信息差的本质在于谁能更快、更准地获取关键信息，谁就能抢占先机。然而，信息不对称现象长期存在于社会的各个角落，成为制约个人发展的重要因素。

如今，AI 帮助普通人跨越语言、地域和专业壁垒，实现信息的即时理解和高效利用。例如，在浙江义乌，一位小商品创业者借助 DeepSeek 的多语言实时分析系统，提前捕捉到中东市场对某类节日装饰品的需求趋势，将选品失误率降低了 47%。

这不仅是商业上的胜利，更是个人信息获取能力的提升。在一个信息高度对称的时代，每个人都能看见属于自己的机会窗口，而不是被动等待命运的安排。

3. 竞争平权：让每个人都能拥有核心竞争力

竞争差是指一个人是否具备不可替代的核心能力。过去，技能、资源、人脉等构成了竞争壁垒，但现在，AI 工具正在赋予普通人全新的竞争力。

云南的一位咖啡种植人员通过 DeepSeek 的农业决策模型，

精准调整种植策略，将生豆品质从B级提升至AA级，让该产品直接进入国际精品供应链。这意味着，哪怕你身处乡村，也可以凭借AI赋能的技术实力，与世界顶尖品牌同台竞技。

这不是技术对劳动者的取代，而是技术对劳动者核心能力的增强。当AI成为每个人手中的“助力器”，个体的价值将取决于能否善用工具，持续进化。

4. 执行平权：让每个人都能把想法变成现实

执行差决定了一个人能否将计划落地为成果。再好的构想，如果无法执行，也只是空中楼阁。而如今，AI代码生成器、流程自动化执行工具，正在极大地降低执行门槛。

以西安的一支大学生团队为例，他们借助DeepSeek的智能编程助手，仅用一周时间就开发出了原本需要3个月的智能灌溉系统。这一成果充分展示了AI技术在提升执行力方面的巨大潜力。过去，开发类似的系统需要大量的时间和人力投入，尤其是编写和调试代码的过程往往耗时耗力。然而，通过使用智能编程助手，团队能够快速生成高质量的代码，并在短时间内完成系统的搭建和优化。这不仅大大缩短了开发周期，还提高了项目的成功率。

AI技术的出现，为提升执行力提供了强大的工具支持。AI代码生成器能够根据用户的需求快速生成代码模板，减少重复劳动；流程自动化工具则可以优化工作流程，提高效率。这些工具的使用，使得原本复杂的任务变得简单可行，即使是缺乏专业编程经验的团队，也能够快速上手并完成任务。

由此可见，技术正在重新定义“可行性”这个概念。曾经遥不可及的目标，如今只需轻点鼠标即可实现。未来属于那些敢于设想并立即行动的人。

随着 AI 技术的迅猛发展，普通人开始有机会借助先进工具，打破传统壁垒，实现自我迭代升级。如果说工业革命的上半场让丝袜从女王的衣橱走向普通女性的衣柜，那么信息革命的下半场，则让每个普通人只需一杯奶茶的成本，就能获得超越原来顶级智库的分析能力——这就是知识平权的力量。

AI 并不是要取代人类，而是成为人类能力的延伸，让普通人突破生理局限和资源桎梏，释放潜能，拥有与 AI 协同进化的能力。

在这个由 AI 驱动的新时代里，多种能力不再遥不可及，普通人应该主动拥抱 AI，让这一强大工具助力自我提升，让自己变成一个超级个体。

第 5 章

DeepSeek 引发的商业革命

在硅基思维的浪潮面前，破坏的成本永远低于建设，一块钱的子弹足以击败20年的修行。

我们正处于一场史无前例的商业革命之中，硅基思维[一]正在重构人类社会的经济基础与价值体系。本章将带领读者了解破坏者的规则及特质，审视这次AI推理技术变革如何改变传统商业模式，以及探讨个人与企业如何应对。最后，我们将关注中国式创新的理念与路径，以及DeepSeek的商业成功学分析。

5.1 破坏者的规则及特质

DeepSeek的出现加速推动了开源社区对OpenAI那个“闭源”城堡的“破坏”，也加速推动了大模型对于现有一切商业模式的“破坏”，基于硅基文明的全新商业文明将会摧毁现有的落后的商业体系，这就像那句著名的网络名言：时代抛弃你，不会给你打任何招呼。

[一] “硅基思维”是指以硅基智能为基础的思维方式和决策模式，它模拟人类大脑的计算原理，通过计算机芯片实现类似人类智能的思维和决策能力。硅基思维的核心在于利用AI技术，尤其是基于大规模数据和算法驱动的智能系统，来优化传统以人类经验和直觉为主导的决策过程。

5.1.1　破坏的成本经济学

在现代社会，创造和建设往往被视为推动文明进步的核心力量。然而，我们却常常忽略了“破坏”的力量，以及它在某些背景下所蕴含的巨大潜能。想象这样一个场景：你投入 10 亿美元建造一栋摩天大楼，但我只需花费 1000 美元购买炸药，就能在短时间内让这座大楼轰然倒塌；你苦练 20 年铁布衫金钟罩，只需一颗子弹便能轻易伤害到你。在当今的技术环境中，破坏往往比建设更廉价、更高效，而且随着 AI 等前沿科技的发展，这种“破坏者的游戏”变得更具威力。

从经济学的角度来看，破坏的成本与建设的成本并不对等。建造一座楼需要选址、设计、采购材料、雇佣施工队、经历漫长的审批流程，耗费的金钱和时间成本都非常高昂。而要摧毁它，只需极低的资源投入。哪怕是建立一套完善的安防系统，也无法完全抵御极端手段或非对称攻击。破坏常常只需要小小的一步，就能让城市运转陷入混乱。

在经济全球化和高度依赖网络的时代，这种低成本、高效率的破坏方式愈发可怕。一个黑客可能通过几行代码就能让机场系统瘫痪；一个别有用心的群体也能借助社交媒体煽动舆论，给品牌和政府形象带来难以估量的损失。

随着 AI、大数据、物联网等技术的迅猛发展，我们本能地期待技术能带来正向的改变：提高效率、改善生活、推动经济增长。然而，技术具有“双刃剑”的特质，它也为破坏者提供了更多工具和手段。AI 可以帮助我们快速分析海量数据，但它也可以被用来更精准地策划攻击；物联网让设备之间互联，却也让关键基础设施面临新的安全风险。

在“破坏者的游戏”中，AI 技术的不可解释性及爆发式增长为攻击方提供了全新的可能性。攻击者不用深刻理解模型的内部结构，只需要掌握某些漏洞或利用对抗性样本便能让智能系统陷入混乱。

5.1.2 破坏既有价值假设

当我们将“破坏”视作一场商业游戏时，也许能更好地理解它的本质。在商业领域，破坏并不局限于恐怖袭击或非法行为，有时也体现为对传统商业模式的颠覆。

例如，“破坏性创新”（Disruptive Innovation）是指一种颠覆现有市场结构与价值网络的策略。只不过这里的“破坏”往往是积极的：新的进入者以极低的成本和更具颠覆性的模式打败行业巨头，重新塑造市场结构。

但无论是正向的“商业破坏”，还是负向的“毁灭性破坏”，其核心逻辑都是：破解既有的价值假设，以极低的成本或极高的效率摧毁竞争对手的“护城河”。

破坏者往往通过发现现有体系中最薄弱的环节，用最少的投入瓦解最大的防线。一旦成功，其所获得的权力与资源往往超出想象。

“破坏者”在发起行动前，必定要思考几个问题：自己想毁掉的是什么、能够以多快的速度毁掉、毁掉之后自己能获得什么。

1）想毁掉什么：破坏者必须明确目标。是让对手破产？是让竞争对手在舆论场中身败名裂？还是打破旧有的行业规则？

2）速度多快：在数字时代，速度极其重要。破坏者如果能以迅雷不及掩耳之势达成目的，就能最大程度地削弱对手的抵抗空间。

3）获得什么：有些破坏只为展示力量，有些则为了夺取资源或重新分配权力。破坏之后，如何利用空缺的市场或秩序，对破坏者而言至关重要。

当破坏者的手段不断升级，破坏的效率越来越高，旧有的秩序和防御手段就会显得脆弱无力。这种不对称的威慑，往往带来新的权力格局。

历史上，每次颠覆或破坏都会打破原有的平衡，需要数年甚至数十年的时间，才能重新建立新的平衡。例如，冷兵器时代的骑士在刀剑上投入毕生精力，但火药的出现让战场格局在一夜之间改变了；核武器发明之后，大国平衡靠的是能够相互摧毁的威慑；如今，AI 与网络攻击正在不断改变传统的安全体系。

未来，新的技术防线与防御体系仍会涌现，但需要经受长时间的打磨，并要应对各种意想不到的攻击手段。攻击与防御的此消彼长会催生新的产业与机会，也会带来新的风险与挑战。

5.1.3 破坏者的特质

站在商业视角，若要成为一个“杰出的破坏者”，就必须具备以下特质。

1）深刻洞察市场与人性：知道在哪里才能“一针见血”，用最小投入带来最大冲击。

2）行动速度与隐秘性：在对手察觉前完成关键动作，或让对手无法猜到你的真正意图。

3）后续的重构能力：破坏之后必须有可行的替代方案或新的模式，否则只是一场无意义的毁灭。

4）道德与责任的权衡：商业破坏与暴力破坏之间，仅是一线之隔？颠覆行业规则固然刺激，但当影响波及社会大众时，破坏者也将面临道德的拷问与法律的严惩。

我们所处的世界，正面临一次又一次的技术变革。表面上，创新与建设构成了社会进步的正向力量，但在阴影之下，破坏者同样在“游戏”中占有一席之地。

当破坏的成本与效率逐渐提升，人类社会也需要警惕和反思：我们是否有能力构筑全新的防御体系，以迎接这股无形却强大的破坏浪潮。也许，随着时间的推移，我们会再次建立起攻守间的微妙平衡。然而，那时的世界早已被“破坏者游戏”所改写。对于所有身处商业与技术变革中心的人而言，如何在破坏和建设之间找准定位，或许才是这个时代最具挑战性的问题。

5.2　推理改变商业

当 AI 开始展现出深度推理能力时，许多人只看到了它在围棋、象棋或某些专业领域的“惊人表现”，但真正的冲击远不止于此。使用机器的推理者（大模型）对各行业的冲击固然不容小觑，可对人类以及人类组织本身的影响将更加深远。事实是，在 AI 面前，人类是非常弱的推理者，人类组织的协同机制更是低效的。一旦 AI 推理能力进入全面爆发期，这种弱与低效将被无限放大，从而带来大规模的商业变局。

5.2.1　人类推理局限

与机器推理比起来，人的思维能力有着天生的局限性。

1）记忆容量有限。人类能够记住的知识点、推理链条很难超越生理极限。越是复杂的问题，人脑越需要借助外部的辅助工具。机器推理则不同，只要存储空间和计算资源够强大，它就能记忆海量的中间步骤与推理分支，不疲劳、无遗漏。

2）推理效率低。早在10年前，AI就可以在一分钟内进行上万次围棋模拟对决，而人类顶尖棋手下一局棋都要斟酌良久。如今，当AI开始从围棋扩展到更广泛的领域，它每秒钟能并行处理的推理量也在无限扩大。

3）协同机制迟缓。不同个体之间想要合作，需要进行冗长的沟通、谈判和彼此磨合。组织层级越多、沟通成本越高，决策效率就越低。相较之下，机器在分布式计算中能瞬时共享信息、动态调整指令，是一种极度高效的协同模式。

在人类眼中，即便是在老旧的GPU上初步试验，机器所展现出的推理能力已经让我们惊叹不已。然而，这仅仅是序章。当大语言模型、分布式算法以及新型硬件加速器协同发力时，机器将迈入深度“推理爆炸”的全新阶段，其速度、广度与深度都将远远超出我们的想象。

自从AI在围棋上彻底击败人类，人们就见识到了推理的碾压式力量。更值得警惕的是，围棋只是一个相对封闭的、易于定义胜负规则的领域。若AI开始触及企业决策、金融分析、商业模式创新、资源配置乃至政治博弈这些高度复杂且开放性的领域，人类的“弱推理”劣势将进一步凸显，可能带来以下影响。

1）高价值行业的脆弱。许多传统行业之所以市值高，往往是因为它们掌握稀缺资源或拥有成熟的商业体系。然而，如果推理型 AI 能极大优化或替代这些行业的关键环节，如研发周期管控、供应链管理或客户关系运营，那么这些行业的“护城河”就会在机器推理面前不堪一击。

2）产业链重构。当机器推理深度融入生产和服务过程，它可能将原本需要数年积累的经验或决策流程在数小时甚至数分钟内习得或完成。许多企业赖以生存的商业壁垒会被迅速突破。

3）看空未获得 AI 加持的业务。若某个企业、组织或行业仍然停留在人工经验与低效协同的模式中，而没有得到机器推理的“加持”，那么它在竞争中几乎没有胜算。这并非危言耸听，而是当今技术演进势必带来的淘汰逻辑。

5.2.2　机器推理的“渗透”冲击

当机器推理进入爆炸式增长阶段，它带来的冲击将远超工业革命或信息革命。

- 深度推理与速度。机器能在极短时间内审视数千乃至数百万条思考路径，快速找到最优解，甚至一系列可行解；人类要么慢慢讨论、要么依据直觉拍脑袋，根本无法与机器在同一量级竞争。

- 中间步骤记忆与并行协作。机器不仅能输出结论，还能保留每一步推理的过程，随时回溯或进行分支化分析。多台机器之间还可相互借鉴推理成果，瞬间实现集体迭代；而人类团队往往需要长篇会议记录、数据系统对接和漫长的管理层会议。
- 行业格局重写。从金融投资到制造业，再到法律、媒体、教育等几乎所有领域，只要有需要制定决策和策略的地方，机器推理就能迅速“渗透”。旧有的商业与组织模式将被迫转型，要么融入 AI 推理，要么被它挤出赛道。

对于那些仍试图依靠旧模式存活的企业和组织，这场冲击无疑会来得更快、更猛烈，也更令人措手不及。

5.3 企业和个人的抉择

面对这一波澜壮阔的变革浪潮，企业和个人究竟该如何抉择呢？笔者认为，未来的路径大致可以从以下三个方面探索。

1）守护稀缺硬资产。在 AI 逐步接管各类智力密集型产业的同时，那些无法被数字化、无法被算力“吞噬”的稀缺资源（如能源、土地、稀有金属等），可能会成为保值乃至增值的

“香饽饽”。这类硬资产由于其物理属性和稀缺性，将在大规模价值洗牌中保持相对稳定，成为资本避险的重要选项。

2）深度拥抱 AI，主动进化。对于公司和个人而言，唯一避免被大浪淘沙的路径便是主动拥抱并融入这一技术革命。不断学习和整合 AI，不仅能提升自身的竞争力，还能在这一浪潮中捕捉到前所未有的商业机遇。无论是跨界创新、流程自动化，还是新型服务模式的构建，唯有深度参与、不断进化，才能在未来的市场竞争中立于不败之地。

3）寻找人类新价值。尽管 AI 在逻辑推理和数据处理上展现出惊人的优势，但在情感、创造力、艺术及具有独特人性特质的领域，人类仍然保留着独一无二的优势。这就要求我们重新审视工作模式和思维方式，探寻那些机器难以替代的领域。未来的竞争不仅是技术与资本的较量，更是文化、情感与人文精神的碰撞。只有在这些领域中不断发掘并延伸人类的新价值，才能在颠覆性变革中找到新的立足点。

技术的双面性塑造着未来社会变革的全貌，面对这一分水岭，个人、企业乃至整个社会，都必须在“颠覆”与“重构”之间寻找新的平衡点。只有不断地学习、创新和转型，我们才能在这场变革中掌握主动权，化挑战为机遇，走出一条符合未来发展趋势的全新道路。未来的竞争，不再仅仅依赖资本和技术，而在于对 AI 的深度理解和实践。在这个关键时刻，每一个愿意拥抱变革的人都有机会在大浪淘沙中脱颖而出，书写属于自己的全新篇章。

5.4 中国式创新力量

当美国的创新者走到了拼成本的阶段，中国团队往往接过接力棒将创新推向新的高度，这就是全世界目前的分工。这不仅是成本和效率的竞争，更是理念的差异使然。中国人深受“知行合一”思想的影响，我们更注重实践的力量，遵循“行而后知”的逻辑——在不断的实践中摸索真理，在行动中找到方向。

在 AI 领域，尤其是大模型这种复杂的“黑盒子”技术中，“行而后知”的实践哲学展现出巨大的优势。中国团队依靠摸索和迭代，敢于在开源工具的基础上大胆尝试、快速改进。这种从实践中验证理论的方式，让中国创新者更有可能孕育出下一个 DeepSeek 式的颠覆性突破。

美国的创新更多源于“知而后行”，即基于理论研究和逻辑推演，构建技术和产品。然而，这种模式在面对像大模型这样高度复杂且难以解释的技术时，可能会显得僵化。而中国的“行而后知”式创新方式恰恰在这种环境中展现出独特优势。

1）在不确定中行动：中国团队擅长“摸着石头过河”，即便理论尚未完全明确，也愿意先动手实践，通过小步快跑、反复试错找到最优解。

2）快速迭代和成本优化：在全球竞争中，中国团队常通过灵活高效的迭代流程，快速推出成本更低、适用性更强的产品，占据市场制高点。

所以，“行而后知”的逻辑更符合大模型的技术特性：中国团队可以通过快速部署模型、探索实际应用场景，积累实践经验。这些经验反过来推动理论优化，形成从实践到理论的良性循环。

这种路径依赖实践检验真理的逻辑使得中国团队在大模型领域具有天然优势。正因为大模型的复杂性和不可解释性，“行而后知”式的创新反而成为最实用、最有效的探索方式。

历史证明，每当技术进入成本优化阶段，中国团队总能接过接力棒，将技术推向新的产业化高峰。

例如在移动互联网时代，中国企业通过快速落地应用场景，形成了领先的商业模式。

又如在新能源领域，中国团队在技术突破的基础上，将成本降至全球最低，占据主导地位。中国团队同样有能力在全球 AI 竞争中实现引领。DeepSeek 诞生在中国团队的手中，这背后是中国式实践力量的充分释放，是“行而后知”哲学的深刻体现。创新不只是理论的延伸，更是实践的产物。在部分技术领域，美国团队擅长打开技术的“起点”，而中国团队则擅长将创新推向“终点”。中国的实践哲学不仅是创新的助推器，更是未来科技竞争中的关键力量。

5.5 DeepSeek 的商业成功学

DeepSeek 一夜之间占领世界，再次向我们证明了一个真理——如果不能打动人心，单纯的效率提升毫无意义。商业竞争不仅在于技术的高低，更在于能否构建起打动人心的关系网络。DeepSeek，凭借其技术开源透明的优势，迅速吸引了众多个人用户、开发者和企业，建立起了自己的关系网络，体现了“科技向善”的精神。正如古人所言：“人心齐，泰山移”，商业的本质是一种人与人、人与物之间高效协同的关系网络。而开源就是一个超级网络。

5.5.1 高效协同的关系构建

随着城镇化和现代商业体系的发展，我们的生活越来越依赖于商业系统。在这个系统中，公司作为有限责任的组织，其功能与责任都被精确界定，每一项交易、每一次合作都有明确的规则和边界。这种清晰的商业关系，使得人们在工作中能够心安理得地履行职责、获得认可，从而获得高效的协同效应。DeepSeek 正是基于开源商业模式，通过开放共享、高效协同，打造出一种全新的商业关系，其成功不仅在于技术本身，更在于它激发出的全社会高效协作的潜力。

世界并非仅由生意构成，而多的是由鲜活的生命构成。生活、生意和生命，这三者构成了我们所处的世界。商业仅仅是一种工具，用以服务生活、服务生命，而绝不能反过来成为生活的全部。

因此，一个企业的存在，不仅仅是为了追求利润和规模，更是为了满足用户需求、改善社会协同与沟通。正如我们在家庭中体会到的那种温情、信任与支持，商业世界中的每一项成功，都必须基于真诚的人际关系和对生命的关怀。DeepSeek 就在诠释“科技向善”的力量，这也是他们能够成功的根本。

在很多人的传统观念中，商业领域似乎总是一个社会达尔文的竞技场，强者为王，弱者淘汰。然而，深刻思考后我们会发现，商业的真正本质并不是单纯地追求力量，而是在公平、互利的关系中实现共赢。商业是你与陌生人之间、公司与公司之间建立的关系网络。一个产品之所以存在，是因为用户需要它；一个企业之所以能长久存续，是因为它在产业生态中占据了一席之地；一个产业之所以发展壮大，是因为社会整体对该产业有需求。

商业的成功，不在于企业占据了多少资源，而在于它能构建多少有价值的关系。企业的规模，不仅体现在财务报表上，更体现在它所容纳的人脉、用户和合作伙伴的数量上。DeepSeek通过开放共享和高效协同，展示了如何在一个竞争激烈、技术不断迭代的时代中，通过“科技向善”的力量获得巨大成功。这正是商业文明未来的方向：在拥抱技术进步的同时，更注重人与人之间、企业与社会之间的和谐共生。

商业文明的未来，企业只有不断倾听用户需求，建立起互惠互信的关系，才能在激烈的市场竞争中立于不败之地。

5.5.2 开启 AI 民主化

在中国，DeepSeek 的成功激起了广泛的连锁反应。越来越多的初创企业和大厂开始追随这一开放创新的模式，纷纷推出各自的开源大模型。例如，通义千问团队发布了 Qwen3 开源版本，如今 Qwen3 的排名也名列前茅。这一举措不仅证明了市场对开源 AI 的热情，也对西方封闭模式形成了强烈冲击。如今，全球数字经济正逐步被少数科技巨头所垄断，他们构建的模型越来越庞大，需要惊人的计算资源、能源和资本来维持运转和迭代，而这些资源往往会被秘密锁定在封闭系统中，形成一个危险的反馈循环：数据越多、模型越强大，垄断效应越明显，最终边缘化那些没有进入核心圈层的人。

然而，DeepSeek 凭借开源和低成本的优势，不仅打破了封闭模型的垄断，更为全球提供了一种全新的、人人可用的 AI 服务模式。这意味着，无论是在发达国家还是在发展中国家，先进的 AI 都不再是少数人享有的服务，而是真正成为普惠大众的生产力工具。

正如 1440 年，约翰内斯·古腾堡将印刷机带到欧洲，打破了精英对知识的垄断；DeepSeek 的低成本、开源推理模型同样正在打破由资本和封闭技术构成的壁垒。

当然，这一切并非没有风险。作为投资者也不得不担心，DeepSeek 可能引发美国更严厉的制裁措施，或使得对中国关键 GPU 的进口限制进一步加剧，从而阻碍初创企业的进一步成长。然而，真正的风险并不在于技术本身，而在于限制全球教育和研究合作的机会，阻断了知识流动，这会让技术进步陷入停滞，也会引发创新危机。

在本章最后，容我提几个问题，供读者思考和探讨。

- 如果你是一家传统企业的决策者，面对 DeepSeek 这样的开源 AI 模型，你会如何调整公司的技术战略？
- 开源 AI 模型的普及会如何改变你所在行业的竞争格局？哪些岗位可能消失，哪些新岗位可能出现？
- 从国家战略角度，如何平衡开源带来的创新活力与可能的安全风险？

第 6 章

DeepSeek 技术解析

真正的创新不仅仅是技术的突破，更是思维方式的革命。当我们重新思考AI的构建方式，不再盲目追求规模而是追求效率，我们就能以更少的资源创造更大的价值。

本章将带你深入探索 DeepSeek 模型背后的技术创新，从架构设计到训练方法，全面解析其核心技术与创新点。我们将首先剖析模型架构的演进历程，了解从 V1 到 V3 的关键突破，如解读 MLA（多头潜在注意力）、动态负载均衡路由、MoE 等核心技术，之后探讨模型训练技术中的关键创新。

6.1 架构演进与技术突破

本节先来了解 DeepSeek 的架构演进路径，之后聚焦于 V3 和 R1 版本中的创新性技术。

6.1.1 架构演进历程

DeepSeek 系列模型在架构设计上始终追求“经济效益与性能效果的最优平衡”。根据 DeepSeek 官方技术报告和公开资料，DeepSeek 模型的技术路线呈现清晰的迭代升级脉络。

1）DeepSeek-V1：采用类 LLaMA 的传统密集 Transformer 架构，主要着力于提升基础训练数据质量和模型对齐能力。这一阶段 DeepSeek 团队专注于解决模型基础能力问题，为后续架构创新奠定了基础。

2）DeepSeek-V2：引入初代 MLA 与初步的 MoE 架构，开始探索计算效率优化路径。这一阶段的创新有效地降低了推理计算成本。

3）DeepSeek-V3：在标准 Transformer 框架基础上，大幅改进了 MLA 设计，深化了 MoE 稀疏计算架构，并创新性地引入无辅助损失的负载均衡策略、多 Token 预测（MTP）和 DualPipe 等技术，实现训练与推理效率的质的飞跃。

根据 DeepSeek 官方发布的性能测试数据，DeepSeek-V3 在资源利用率和响应速度上比 V2 提升了约 35%，在同等计算资源条件下，能够处理更复杂的任务。这种技术演进路径充分体现了 DeepSeek 团队在模型设计上的独特思路：不片面追求参数规模，而是通过架构优化提升计算效率。

6.1.2　MLA

DeepSeek-V3 的 MLA 是解决传统 Transformer 架构在长上

下文处理、显存占用及计算效率瓶颈的创新技术。通过低秩压缩和位置解耦，MLA 实现了训练与推理效率的显著提升。

要理解 MLA 的创新，需要先了解传统 Transformer 面临的挑战。标准 Transformer 模型通常采用 MHA（Multi-Head Attention，多头注意力机制），它允许模型同时关注输入序列的不同位置。然而，在文本生成过程中，模型需要缓存之前生成文本的键 – 值（Key-Value，KV）对，以提高效率，该技术也被称为 K-V 缓存（K-V Cache）。随着文本长度增加，这种缓存会占用大量显存，成为限制推理效率的瓶颈。

DeepSeek-V3 的 MLA 通过低秩键 – 值联合压缩解决了这一问题。该技术基于一种常见的模型压缩方法——低秩分解。低秩分解是一种矩阵优化技术，可将高维矩阵分解为多个低维矩阵的乘积，从而减少数据处理复杂度。这相当于把复杂问题“拆解”成简单问题，对键和值矩阵进行低秩分解，显著减少了计算量和参数数量。具体而言，MLA 采用低秩压缩将原始高维键 – 值（如 512 维）投影至低维空间（如 64 维），显存需求降至原来的 1/8。同时，为了避免因压缩导致位置信息丢失，MLA 引入了 RoPE（Rotary Position Embedding，旋转位置编码），以增强位置感知能力。DeepSeek 团队还设计了一种解耦的 RoPE 策略，避免了传统低秩方法中的位置信息冲突问题。

这种创新使 DeepSeek-V3 在长文本处理能力和推理效率上取得了显著提升，为大模型的实际部署和应用扫清了重要障碍。

6.1.3　动态负载均衡路由

针对传统 MoE 架构中专家负载不均衡的问题，DeepSeek 团队创新性地设计了可微分负载均衡器（Differentiable Load Balancer）。这种机制类似于智能交通系统，能根据实时路况动态调整信号灯配时，确保交通流量均衡。

传统 MoE 架构面临的主要挑战是专家资源分配不均：某些"明星专家"被频繁调用，而其他专家则长期闲置。这种不平衡不仅浪费计算资源，还会导致过度使用的专家成为性能瓶颈，限制整体效率。

DeepSeek 的动态负载均衡机制通过在路由权重计算过程中引入自适应偏置项来解决这一问题。对每个专家 i，系统引入偏置项 β_i，并根据以下规则动态更新：

$$\beta_i \leftarrow \beta_i + \alpha(\tau - E_i)$$

其中，τ 是预设的负载均衡阈值（理想情况下每个专家应承担的工作比例），E_i 表示第 i 个专家的历史激活频次，α 是学习率系数（调整平衡速度的参数）。

具体而言，这种动态负载均衡机制的工作原理类似智能调度系统：当“数学专家”被频繁调用时，系统会自动提高其“工作成本”（通过增加偏置项），将部分任务分配给其他专家。就像高效餐厅管理系统，当某个厨师特别忙时，会自动将新订单分给其他厨师，保证整体服务质量和效率。实验表明，这种机制使模型在保持性能的同时，还能让计算资源的利用率提升30%以上，让推理速度提高25%。

另外，在相同硬件条件下，相比传统模型，采用动态负载均衡的模型通过消除辅助损失计算和减少跨节点通信量，使单Token计算成本降低约53%（以H800 GPU集群为例）。

6.1.4 MoE架构

MoE采用了一种将大型神经网络拆分成多个“专家”子网络的架构设计。MoE类似于企业中不同专业领域的精英团队组合：每个专家精通特定领域，而智能“路由器”（团队经理）将任务分配给最合适的专家处理。

传统MoE系统在处理跨领域复杂任务时通常面临三大挑战：知识孤岛效应、任务分割困难和输出不协调。以一个跨领域任务为例：“如何用Python实现快速排序算法，并分析其时间复杂度，最后给出带有唐诗风格注释的代码实现”。该任务同时涉及编程技术、算法分析和文学创作3个不同领域的知识。

在传统 MoE 中，专家之间的知识难以共享融合，计算机专家精通算法但不懂文学，文学专家善于创作却难以理解代码逻辑。另外，约 20% 的专家承担了 80% 以上的计算负载，任务分配不均。最终输出常常是代码正确但注释生硬，或注释优美但代码有误，缺乏有机融合。

DeepSeek 创新的 MoE 通过三大设计解决了这些问题。

1）**层次化专家组织：**建立三层专家结构，包括负责理解用户意图的顶层共享专家、处理领域子任务的中层领域专家（如算法专家、编程专家和文学专家），以及执行具体工作的底层细分专家（如排序算法专家、Python 语法专家和古典诗词风格专家）。

2）**软路由与动态融合：**允许多个专家同时参与问题解决，通过动态加权融合各专家输出。这使专家激活率提升了 35%，知识利用效率提高了 42%，具体参见 6.2.3 节。

3）**跨专家知识共享：**通过共享底层参数和专家间的知识蒸馏，实现了知识互通，让文学专家"理解"代码结构，编程专家"学会"文学表达。在实际应用中，DeepSeek 的 MoE 系统面对上述复杂任务时，会先由顶层专家解析任务并制定整体方案，再由中层各领域专家分别处理子任务，然后由底层专家执行具体工作，最后通过动态融合机制整合各结果，确保了代码的正确性与注释的文学性。

这种创新架构在处理跨领域复合任务时，任务完成质量比传统方法平均提升 23.5%，同时计算效率提高了 31.7%。更重要的是，这种设计不仅适用于语言模型，还可推广到多模态任务、跨语言翻译和复杂推理等 AI 领域，为 AI 系统的专业化与通用化的平衡提供了新思路。

DeepSeek 通过这种“既专又通”的架构设计正重新定义大规模 AI 系统的效能比标准，开创了一种平衡性能与资源消耗的全新技术范式。

6.2 模型训练技术创新

随着 AI 技术的飞速发展，大模型的训练方法正经历着一场深刻变革。这些创新不仅关系到模型性能的提升，更直接全面提升了训练效率、资源消耗和推理能力。本节将深入探讨 DeepSeek 系列模型在训练方法上的创新。

6.2.1 DeepSeek-V3 的训练方法创新

DeepSeek-V3 的训练方法代表了当今大模型训练技术的最高水平，它巧妙融合了前沿架构创新与系统工程优化，通过分布式训练并行策略、FP8 低精度训练体系、MoE（参见 6.1 节，这里不再赘述）等多个维度的技术突破，实现了训练效率与模型性能的质的飞跃。

1. 分布式训练并行策略

传统大模型训练面临的最大挑战之一是如何高效利用数千张 GPU 卡的计算资源。DeepSeek-V3 采用自研 HAI-LLM 分布式训练框架，创新性地集成了 3 种互补的并行策略：16 路管道并行（Pipeline Parallelism，PP）、64 路专家并行（Expert Parallelism，EP）与 Zero-1 数据并行（Data Parallelism，DP）。这种多维并行架构相较传统的 Megatron-LM 框架的训练效率提升了约 2.3 倍。

为了帮助读者更好地理解这 3 种并行策略的区别，我们来看 3 个类比。

- 管道并行：就像工厂的流水线，将模型的不同层分配到不同 GPU 上按顺序处理。
- 专家并行：类似于专业分工，将模型中的“专家”子网络（专门处理特定类型输入的网络部分）分布到不同的设备上。
- 数据并行：相当于复制多条完全相同的生产线，每条线处理不同批次的数据。

这 3 种并行方式的智能融合使 DeepSeek-V3 能够最大限度地利用计算资源，大幅提升训练效率。

研发团队创新开发的 DualPipe 调度算法通过巧妙重叠计算与通信阶段，将 128K 长序列训练中的管道“气泡率”（即管道中并行工作的 GPU 的空闲等待时间的比例）从传统的 25% 显著降低至 7.2%。这一优化相当于降低了近 3/4 的资源浪费，大幅提升了训练效率。通俗地说，就是让原本需要“等待”的 GPU 不再闲置，更高效地参与计算工作。

针对不同网络互联技术的带宽差异（InfiniBand 约 50GB/s，NVLink 约 160GB/s，类似于普通公路与高速公路的区别），研发团队开发了专用跨节点全对全通信内核，使通信效率较谷歌的 Pathways 框架提升了 68%。此外，通过引入 RMSNorm（均方根归一化）重计算技术与 MLA 上投影（降维、线性变换、分解低秩矩阵等计算）的激活值缓存策略，以及采用 EMA（Exponential Moving Average，指数移动平均）参数的 CPU 存储方案，显著降低了 MoE 层的显存占用率，使单节点 8 卡 H800 GPU 集群能够高效运行 DeepSeek 这种复杂模型。

2. FP8 低精度训练体系

在大模型训练中，数据精度与训练效率常常是一对矛盾体。传统的 32 位浮点数（FP32）的精度计算虽然准确，但计算和存储开销巨大；而过低的精度又可能导致模型无法收敛。为平衡这一矛盾，DeepSeek-V3 采用了创新的 FP8（8 位浮点数）低精度训练体系。

想象一下，如果将模型训练比作航海，高精度就像使用精密望远镜，可以让你看得更远、更准，但模型也需要更多空间来存放数据；低精度则如简易望远镜，轻便但可能模糊不清（即效果不好）。DeepSeek-V3 的 FP8 策略就像是发明了一种既小巧又足够清晰的特殊望远镜。

具体来说，其动态量化策略选用了 E4M3 格式（4 位指数，3 位尾数）与分块量化技术（激活分组为 1 × 128，权重分组为 128 × 128），与英伟达的 FP8 基线方案相比，在 MATH 基准测试上展现出更高的训练稳定性。这种精度设计对于非专业读者而言，可以理解为用更少的数字位数表示模型参数，同时通过巧妙的编码方式保证了关键信息不丢失。

低精度训练的主要挑战是数值精度损失可能导致模型收敛问题。为此，DeepSeek-V3 通过 FP32（32 位浮点数）中间结果累加与在线量化补偿技术，有效压缩了 GEMM（通用矩阵乘法，大模型计算的核心操作）操作的误差。这类似于在做长式计算时，中间步骤保留了更多的小数位，以确保最终结果准确。

在存储策略上，DeepSeek-V3 采用了灵活的混合精度方案。

- 优化器状态以 BF16（Brain Floating Point，16 位脑浮点）格式存储。
- 激活值（模型中间计算结果）以 FP8 缓存。
- MoE 层的参数传输则采用了定制的 E5M6 格式（5 位指数，6 位尾数）。

这种精心设计的精度混合策略不仅减少了对通信带宽的需求，还使单位 Token 的训练能耗较传统 BF16 方案显著降低，实现了更高的计算效率与更低的能源消耗。

6.2.2 DeepSeek-R1 的训练方法创新

DeepSeek-R1 的训练方法代表了大模型思维能力发展的创新路径，它向我们展示了一个重要的发现：AI 的高级推理能力可以通过强化学习技术从模型内部自然涌现，而不仅仅依赖于传统的监督微调方法。这一发现具有深远的理论意义，为未来 AI 系统的设计提供了全新的思路。以下将深入浅出地介绍 DeepSeek-R1 训练的完整流程及其技术创新。

1. 创新的强化学习算法：GRPO

传统的强化学习算法在应用到万亿参数级大模型时会面临巨大的挑战，包括计算资源需求过高、训练不稳定等问题。为解决这些困难，DeepSeek 研究团队提出了 GRPO 算法，这是对广泛使用的 PPO（Proximal Policy Optimization，近端策略优化）算法的重要改进。

对于非专业读者，可以将 GRPO 算法理解为一种更高效的“教学方法”，它能够在保证学习效果的同时，大幅减少所需的“教学资源”。

GRPO 算法的核心优势包括：

- 无须价值模型：传统的 PPO 算法依赖单独的价值网络来估计每个动作的优势函数（判断某个行为比平均水平好多少），这增加了计算复杂度。GRPO 算法通过创新机制绕过了这一需求，大幅减少了计算资源消耗。这相当于不需要专门的“评分系统”，而是直接从学习效果判断教学质量。
- 分组参数优化：GRPO 算法将模型的参数按功能或层次划分为不同组，对每组施加独立的正则化约束。这就像教师根据学生的不同能力（如语言、数学、逻辑）分别施加不同的学习要求，使整体学习更加高效。

- **动态调整机制：**根据训练阶段的性能反馈，GRPO 算法能够智能调整各组参数的更新幅度，确保训练过程稳定且高效。这类似于根据学习进度动态调整教学计划。

从数学角度，GRPO 算法的损失函数 $\mathcal{L}^{\text{GRPO}}(\theta)$ 可表示为：

$$\mathcal{L}^{\text{GRPO}}(\theta)=\mathbb{E}_t\left[\frac{\pi_\theta(a_t|s_t)}{\pi_{\theta_{\text{old}}}(a_t|s_t)}A_t\right]-\sum_{g=1}^{G}\lambda_g\left\|\theta_g-\theta_{g,\text{old}}\right\|^2$$

其中：

- $\mathbb{E}_t$ 表示在时刻 t 的数学期望。
- π_θ 表示当前策略参数为 θ 的策略。
- $\pi_{\theta_{\text{old}}}$ 是更新前的旧策略。
- A_t 表示在时刻 t 的优势函数的估计值。
- θ_g 表示策略参数中第 g 个子模块的参数。
- $\theta_{g,\text{old}}$ 是该模块更新前的参数。
- λ_g 是对应于第 g 个参数组的正则化系数，用于控制其更新幅度。

该损失函数由以下两个关键部分构成。

第一项 $\mathbb{E}_t\left[\frac{\pi_\theta(a_t|s_t)}{\pi_{\theta_{\text{old}}}(a_t|s_t)}A_t\right]$ 可以理解为策略更新所带来的预

期回报变化，它通过新旧策略概率比（即重要性采样比率[㊀]）与优势函数的乘积的数学期望来评估新策略相对于旧策略的表现提升。这种设计借鉴了策略梯度方法中的思想，能够在不依赖完全重新采样的情况下有效评估策略变动的效果。

第二项 $\sum_{g=1}^{G}\lambda_g\|\theta_g-\theta_{g,\text{old}}\|^2$ 是一个结构化的正则化项，用于约束不同参数组的更新幅度。通过为每个子模块设置独立的正则化系数 λ_g，GRPO 算法能够实现对策略中的不同部分进行差异化控制，避免某些参数在单次更新中发生剧烈变化，从而提升整体训练的稳定性与鲁棒性。

上述设计使得 GRPO 在处理具有复杂结构或模块化特征的策略空间时，相较于传统方法（如 PPO 或 TRPO）更具灵活性与适应性。

2. DeepSeek-R1-Zero：研发中的关键中间版本

DeepSeek-R1-Zero 是研发过程中的关键中间版本，它以 DeepSeek-V3-Base（拥有 671B 参数）为基础模型。这个版本

㊀ 重要性采样比率（Importance Sampling Ratio）是强化学习中的一种技术，用于评估在不同策略下采取某些行动的价值。具体来说，它是在利用行为策略生成的数据来估计目标策略（Target Policy）下的值函数时所使用的一个调整因子。注意，如果行为策略和目标策略之间差异过大，重要性采样比率可能会导致很高的方差，从而影响估计的准确性。因此，选择合适的行为策略对于成功的离线策略学习至关重要。

最大的创新在于它完全摒弃了传统的有监督微调（SFT）方法，转而采用纯强化学习方法来激发模型的推理能力。

我们可以将这种方法比作教育孩子：传统的有监督微调相当于反复告诉孩子正确答案（例如，这是苹果，那是香蕉），而强化学习方法则更像是鼓励孩子自己探索并给予适当反馈（你的思考方向很好，再试试或这个结论不太对，再想想）。

DeepSeek-R1-Zero 使用了精心设计的结构化系统提示，引导模型将思考过程封装在 <think> 标签内，将最终答案置于 <answer> 标签内，形成清晰的输出格式。这种结构化思维框架对于提升推理透明度和可解释性至关重要，让用户不仅能看到最终答案，还能理解模型是如何一步步推导出结果的。

在强化学习训练过程中，研究团队主要应用了两种重要的奖励信号。

- 准确性奖励：评估模型生成答案的正确性，鼓励模型得出正确的结论。
- 格式奖励：确保思考过程和答案分别位于正确的标签中，培养模型的结构化思维习惯。

通过这种纯强化学习方法，DeepSeek-R1-Zero 成功实现了推理能力的涌现，展示了 AI 系统自发形成高级认知功能的可能性。

3. DeepSeek-R1：精心设计的多阶段训练流程

尽管 DeepSeek-R1-Zero 成功证明了纯强化学习方法可以激发大模型的推理能力，但该模型仍面临诸如可读性差、语言混杂等实际应用挑战。面对这些问题，研究团队设计了 DeepSeek-R1，其训练流程包含 4 个关键阶段，每个阶段都针对特定目标进行优化。

（1）冷启动阶段

这一阶段类似于给学生提供基础示范。研究团队引入少量（相对于传统有监督微调而言）高质量思维链训练数据（由人工挑选标注好的有长思维链的数据），帮助模型初步掌握结构化推理模式。这些数据经过精心筛选和处理，确保思维过程清晰连贯，为后续的强化学习训练奠定了基础。

通过这种方式，模型能够学习到基本的思维框架和表达方式，就像学生先观察几个解题示例，了解思考问题的基本方法。

（2）面向推理的强化学习阶段

在冷启动的基础上，团队继续应用 GRPO 算法进行强化学习训练，但增加了更复杂的奖励设计，使模型能够学习更高级的推理技能。

- 推理质量奖励：评估思维链的逻辑性和有效性，鼓励模型形成连贯、有说服力的推理过程。
- 答案准确性奖励：验证最终结果的正确性，不仅要确保模型的思考过程合理，还要确保其结论也准确无误。
- 格式合规奖励：确保模型输出符合预期的结构，以提高模型回答的规范性和可用性。

这一阶段相当于引导学生从基础示例出发，通过不断尝试和反馈，逐步掌握更复杂的思考技巧。

（3）拒绝采样阶段

为提高模型输出质量，研究团队采用了类似于宪法 AI[1]（Constitutional AI）的方法，让模型生成多个候选回答，然后选择质量最高的版本。这种方法有效降低了输出的随机性和错误率。

拒绝采样类似于学生先草拟多个答案，然后通过自我批评和评估选出最佳方案，培养自我的纠错和判断能力。这种自我验证机制大大提高了模型输出的可靠性。

（4）有监督微调阶段

最后，研究团队进行了轻量级的有监督微调，增强模型在

[1] 宪法 AI 是一种将伦理原则嵌入 AI 模型内部的创新方法，通过自我监督和修正机制，使 AI 系统能够更好地符合人类价值观。

通用任务上的表现，同时保持其推理能力。这一阶段的关键在于平衡推理能力与通用能力，避免灾难性遗忘（Catastrophic Forgetting，即学习了新的能力，但导致了旧的能力丧失）。

这相当于在学生掌握了深度思考能力后，还要进行全面的知识巩固和拓展，从而确保专项能力和综合素质的平衡发展。

经过这一精心设计的多阶段训练流程，DeepSeek-R1 不仅展现出强大的推理能力，还克服了 DeepSeek-R1-Zero 的缺点，获得了一个用户友好、思维清晰且通用能力强的大语言模型。

最终的 DeepSeek-R1 模型在多项权威评测中表现卓越，证明了其训练方法的有效性。

- 在 MATH 数学推理基准上，性能达到人类金牌选手水平的 87%，展现出非凡的数学思维能力。
- 有害响应率[㊀]（Harmful ResponseRate）降至 0.11%，远低于同期 LLaMA-2 的 1.37%，显示出更好的安全性和价值观对齐能力。
- 对齐效率较 OpenAI 的 RLHF 提升 3.1 倍，表明其训练方法更加高效。

㊀ 有害响应率是指在大模型在交互过程中生成有害、偏见、误导或不安全内容的概率，其计算公式为“有害响应数 / 总响应数 × 100%。“有害响应”包括但不限于暴力、歧视、虚假信息、隐私泄露、违法内容等。测量方法有人工评估、自动化检测、对抗测试。

6.2.3 硬件基础层的关键支撑技术

前面详细介绍了 DeepSeek-V3 和 DeepSeek-R1 的训练方法，这些方法的实现离不开一系列底层关键技术的支持，下面将深入解析这些技术的工作原理、价值。

1. FlashMLA：基于指令集的注意力机制优化

对于非专业读者，可以将注意力机制理解为大模型的“聚焦能力”，它决定了模型在处理信息时应该关注哪些部分，而 FlashMLA 就是这种能力的高效实现方案。FlashMLA 是一种采用半精度 BF16 的高效计算技术，专为最新一代 Hopper 架构的 GPU（如 H100、H800）优化的 MLA 解码内核。“内核”在这里指的是在 GPU 上执行特定计算任务的基础程序单元，类似于工厂中的专用机器。

FlashMLA 针对可变长度序列的处理进行了深度优化，在 H800 SXM5 GPU 上展现出了惊人性能：在内存受限的场景下可达 3000 GB/s 的吞吐量（每秒可处理的数据量）；在计算受限的场景下实现了 580 TFLOPS（每秒 5800 亿次浮点运算）。这些数字表明 FlashMLA 的处理速度达到了业界领先水平。

通过算法压缩与硬件协同实现了代际突破，开创了从计算库到应用层的垂直优化链，为未来注意力机制的优化提供了新范式。

2. DeepGEMM：极致优化的矩阵计算库

DeepGEMM 代表了矩阵计算的极致优化，它是一个专为 FP8 通用矩阵乘法（General Matrix Multiplication，GEMM）设计的轻量级库。在大模型计算中，矩阵乘法是最基础也是最耗资源的操作，可以理解为大模型“思考”过程中最频繁的基本运算，就像人脑中的神经元连接。

DeepGEMM 的设计理念是“干净高效”，它支持细粒度缩放（可以精确控制计算精度与性能的平衡），适用于普通运算和 MoE 分组计算。通俗地说，这就像是一台既省油又性能强大的发动机，能够根据不同场景智能调节工作状态。

DeepGEMM 的核心代码仅约 300 行，这使它成为学习先进矩阵计算技术的理想入门资源。对于大模型研究团队而言，这种轻量级设计意味着更容易理解、修改和优化，从而更有可能提高开发效率。

3. DeepEP：高效专家并行通信库

DeepEP 是专为 MoE 模型和专家并行（EP）训练设计的高性能通信库。在分布式训练环境下，不同 GPU 上的“专家”（模型的特定子网络）需要高效交换数据，而 DeepEP 就是专门优化这一过程的技术。

简单来说，DeepEP 提供了高吞吐、低延迟的全交换（All-to-All）GPU 通信机制，负责 MoE 架构中的两个关键操作。

- 数据分发（Dispatch）：将输入数据发送给合适的专家处理。
- 结果聚合（Combine）：收集各专家处理结果并整合。

DeepEP 就像是一个高效的物流系统，确保各个“专家工作站”之间的材料和成品能够快速准确地传递。DeepEP 同时支持包括 FP8 在内的多种低精度计算，进一步提高了通信效率。

为了适配 DeepSeek-V3 提出的分组受限门控算法，DeepEP 专门针对非对称网络环境（如从高速 NVLink 连接到相对较慢的 RDMA 网络）优化了数据转发机制。DeepEP 支持训练和推理预填充（处理长文本输入的初始阶段）任务，具备流式多处理器控制能力。对于时延敏感的推理解码场景，DeepEP 提供了基于纯 RDMA（远程内存直接访问）的低延迟实现，最大限度减少了通信开销，确保了用户体验的流畅性。

4. DualPipe 与 EPLB：训练协同优化技术

DualPipe 是一种创新的双向流水线并行通信算法，主要用于优化大模型训练中的数据交互效率。传统的管道并行存在“气泡”问题（即计算资源的空闲等待时间），而 DualPipe 通过巧妙设计实现了前向计算和后向计算通信阶段的完全重叠，大幅减少了管道气泡。

这种设计类似于工业生产线上的“双向流水作业”：一条生产线的某个工位，不必等待整条线完成前向计算，而是可以立即开始后向计算，同时下一批数据的前向计算也在其他工位进行。这种方式使资源利用率最大化，大幅提高了训练效率。

EPLB（Expert Parallelism Load Balancer，专家并行负载均衡器）则专注于解决 MoE 模型分布式部署中的负载不均衡问题。EPLB 通过智能调度算法确保各 GPU 节点的计算负载均衡，进一步提升了系统的整体效率。这就像是一个智能工作分配系统，根据各个工作站的繁忙程度动态调整任务分配，确保每个工作站都处于最佳工作状态。

简而言之，DualPipe 负责提升通信效率，确保数据传输通道均衡；EPLB 负责优化专家分配，确保计算节点负载均衡。两者相辅相成，共同构成了 DeepSeek 系列模型高效训练的关键支撑技术。

5. 3FS 和 Smallpond：数据处理加速技术

3FS 是一种高性能并行文件系统，专为实现文件系统与 GPU 之间的快速数据传输而设计。在大模型训练中，数据加载常常成为性能瓶颈，3FS 通过并行化和优化的 I/O 操作，大幅提升了数据访问效率。

可以将 3FS 理解为一种“高速公路系统”，专门为大规模数据与 GPU 之间的“物流”提供快速通道。与传统文件系统相比，3FS 能够更高效地组织和管理大规模训练数据，减少数据读取等待时间，从而加速整个训练过程。

Smallpond 是基于 3FS 构建的高级分析工具，专注于优化硬盘与 GPU 之间的数据传输效率。这项技术最初由幻方量化团队开发，后被 DeepSeek 团队采用并开源。尽管 Smallpond 最初主要用于量化优化工作，但由于量化过程也需要处理海量数据，因此其底层传输技术同样适用于大模型训练场景。

3FS 和 Smallpond 的组合使用颠覆了传统模型的“先处理，后训练”模式，实现了更高效的“边处理，边训练”工作流。这种并行处理模式不仅优化了计算算法，还从数据处理环节入手实现了全流程加速，进一步提升了大模型训练的整体效率。

从计算优化（FlashMLA、DeepGEMM）到通信加速（DeepEP、DualPipe）再到数据处理（3FS、Smallpond），DeepSeek 团队构建了一套完整的技术体系，实现了从底层到应用的全栈优化。这种系统化的技术创新，不仅服务于当前模型，更为未来更大规模、更复杂的 AI 系统奠定了坚实基础。

6.2.4　大模型训练方法创新的未来展望

通过对 DeepSeek 系列模型训练方法的深入分析，我们可以清晰地看到大模型训练技术正在经历一场深刻变革。基于这些技术的突破性进展，我们可以对大模型训练方法的未来发展做出以下展望。

1. 计算效率与规模的平衡发展

未来的大模型训练方法将更加注重计算效率与规模的平衡发展。

一方面，通过 MoE 等稀疏激活技术，模型参数量可以继续增长而不会导致计算需求的同比增加。

另一方面，低精度训练技术的进一步优化将使单位计算资源能够支持更大规模的模型训练。这种双向发展将使 AI 系统在保持经济可行性的同时，继续提升能力边界。

DeepSeek 系列模型已经证明，通过精心设计的架构和训练方法，可以在有限的计算资源下实现接近或超越更大规模的模型的性能。这一趋势预示着未来大模型发展可能不再单纯追求参数规模，而是更加注重架构设计与训练方法的创新。

2. 自主学习能力的深化

DeepSeek-R1-Zero 成功证明了大模型的高级推理能力可以通过纯强化学习自然涌现，这一发现将引领未来大模型训练向更加自主、更少人工干预的方向发展。未来的大模型可能将更多依赖自我学习和自我改进机制，而非人工设计的学习目标。

GRPO 等高效强化学习算法的出现，为大模型自主学习提供了可行的技术路径。未来我们可能会看到更多专注于培养模型“学习如何学习”能力的训练方法，使 AI 系统能够更加灵活地适应新任务和新环境。

3. 训练与推理的一体化优化

传统的大模型开发往往将训练和推理视为两个相对独立的阶段，但 DeepSeek 系列模型的实践表明，将训练方法与推理性能协同优化能够带来显著收益。未来的大模型训练方法可能会更加注重训练 – 推理一体化设计，并且从训练初期就考虑推理阶段的效率和性能。

例如，DualPipe、FlashMLA 等技术不仅优化了训练过程，还直接提升了推理性能；而 DeepSeek-R1 的多阶段训练流程也充分考虑了最终模型的实用性和用户体验。这种端到端的优化思路将成为未来大模型开发的重要方向。

随着这些训练方法的进一步发展和完善，我们有理由期待未来的大模型将在保持经济可行性的同时，展现出更强大、更灵活的认知能力，为人类社会创造更大的价值。通过持续的技术创新和开放协作，大模型有望成为推动各行各业数字化转型的重要引擎，为人类智能的扩展和增强开辟新的可能性。

第 7 章

大模型技术在六大领域的落地

技术的真正价值不在于其复杂性，而在于它如何简化复杂世界中的决策过程。基于思维链的大模型技术正是通过将人类的逻辑思考方式赋予机器，让 AI 从“基于规则的匹配”进化到“思考”，从而在各行各业创造前所未有的价值。

大模型技术通过动态知识关联与认知轨迹显性化，为各领域带来颠覆性的创新可能。从机器人关节运动的轨迹规划到司法裁判的因果推理，从金融市场的非线性决策到医学诊疗的多模态证据链整合，基于思维链的大模型正在重新定义人类智能与机器智能的协作边界。

真正的技术价值始终在于实践应用。本章将系统探讨大模型技术在机器人、教育、金融、法律、汽车、医学领域的应用。通过翔实的案例分析和实践总结，展示这场技术革命如何推动产业进行智能化升级。

7.1 在机器人领域的应用

随着 AI 技术的飞速发展，机器人在各个领域的应用已经呈现出前所未有的广阔前景。在过去的几十年里，机器人从单一的工业生产线上的机械臂，逐渐演变为能够适应各种复杂环境的智能系统。如今，从工业制造到家庭服务，从医疗手术到教育教学，机器人正在深刻改变着人类的生活方式和工作模式。

然而需要特别说明的是，当前机器人的智能化实现是一个多技术融合的复杂系统工程。传统机器人在面对非结构化环境时，往往依赖预设程序和规则运行，其决策能力和适应性存在明显局限。虽然大模型技术为提升机器人认知能力提供了新的可能性，但必须明确的是：

1）大模型技术并非机器人智能化的唯一支撑技术。

2）本章讨论的技术路径仍在探索阶段，其合理性和有效性需要持续验证。

3）实际应用中必须结合感知、控制、决策等多模块协同工作。

大模型技术的价值在于，它为机器人系统提供了一种模拟人类逐步推理的补充方案，通过多步骤推理分析来增强复杂任务的处理能力。但这一技术必须与机器人本体控制、环境感知、运动规划等传统技术有机结合，才能发挥实际效用。本节将探讨这种多技术融合框架下的实践案例，分析大模型技术在机器人系统中的定位和作用边界。我们希望通过这些讨论，为相关领域的研究者提供一个理性看待技术融合价值的参考视角，而非片面夸大单一技术的作用。

7.1.1 赋能机器人系统

本节将分析大模型技术在机器人系统中的核心赋能机制，揭示大模型推理技术如何与传统机器人技术融合，共同构建更具适应性和智能性的机器人系统。大模型赋能机器人系统的技术实现架构如表 7-1 所示。注意，表 7-1 旨在帮助不熟悉智能机器人的读者了解其架构与大模型的作用，下面并不会严格按照该表中的技术去讲解。机器人系统是非常复杂的，实践时需要结合具体技术和场景善用大模型。

表 7-1 大模型赋能机器人系统的技术实现架构

功能模块	所需技术	大模型作用
任务分解	视觉识别（YOLOv8）+ 语义解析	生成子任务候选集
实时响应	ROS2 实时系统 + 边缘计算	语义理解辅助决策
路径规划	A* 算法 + 动态窗口方法（DWA）	提供环境状态描述
异常处理	强化学习（GPPO 算法）+ 知识图谱	生成恢复策略建议

大模型可显著提升机器人在复杂任务中的处理能力，具体涉及以下三类关键能力。

1. 任务解析与动态规划能力

传统机器人依赖预设规则或强化学习策略，难以应对开放环境中的模糊指令或突发变化。而大模型技术的引入，使机器人系统具备了更强大的任务解析和动态规划能力，具体体现在以下方面。

1）分解复杂任务：大模型将自然语言指令（如“整理凌乱的客厅”）拆解为可操作的子任务（识别物品、分类归位、避障移动等）。

2）动态调整策略：根据实时传感器数据（如物体位置变化），生成替代方案（如“若路径被阻，先清理障碍再继续”）。

示例 1：当你对着家里的机器人随口说了一句：“把客厅收拾干净。”对传统机器人来说，这简直是一道超纲题——它可能卡在“收拾”的定义上，或把拖鞋当成书本塞进书架。但如今，搭载大模型的机器人会像人类一样，先环顾四周，然后心里默默进行盘算：“衣服该放进衣柜，书本要摆回书架，至于那个用完的咖啡杯，得先拿去厨房。”

示例 2：在真实的仓储环境中，这种任务解析为动态规划能力带来了革命性的变化。某物流中心的拣货机器人曾遇到一个有趣的案例：当系统收到“优先处理易碎品”的指令时，没有简单地按部就班地操作。它先是注意到这批玻璃瓶的包装有些特殊，于是自动关联到数据库中“气泡膜包装标准”，临时调整了抓取方案；接着发现运输通道上有水渍，又自主增加了“绕行干燥区域”的决策。整个过程就像有个经验丰富的仓库管理员在实时操控。

而实际上，这两个示例涉及的操作只是大模型在持续进行任务解析并生成动态规划的自然结果。

2. 基于自然语言交互的意图推理能力

传统机器人仅能响应固定指令（如“拿起杯子”），而大模型使机器人理解隐含意图和上下文，例如有以下两个场景。

1）多步意图推理：用户说“我渴了”，大模型会生成推理链：“用户需要饮水→检查杯中是否有水→若无水则需倒水→递送”。

2）模糊指令处理：如用户说“房间太亮”，机器人需推理可能的操作（调节窗帘 / 灯光）。

以家庭场景为例，当你说“房间太亮”时，搭载大模型的智能家居系统会启动多模态协同响应。

首先，光照传感器会量化环境亮度，视觉系统则识别光源类型（自然光 / 人工光）。

其次，基于这些数据，大模型会像一位细心的管家开始推理解决方案：如果传感器显示高亮度且视觉识别到强烈阳光，系统会优先控制电动窗帘；若是夜间检测到人工光源过亮，则会调节灯光强度。

这种动态响应机制，正是传感器网络、计算机视觉和大模型技术协同工作的精髓所在。

又如，家庭服务机器人通过大模型解析“帮孩子准备学习用品”。大模型会指导机器人进行以下操作。

1）识别“学习用品”，可能包含书本、笔、平板电脑。

2）根据历史数据补充遗漏项，如孩子常忘记带水杯。

3）生成检查清单并语音确认。

3. 基于经验的知识泛化与任务迁移能力

人类的学习能力之所以强大，很大程度上源于我们能够从有限的经历中提炼出通用规律，并将这些通用规律应用到新的情境中。这种“举一反三”的知识泛化与任务迁移的能力是人类智能的核心特征之一。例如，当我们第一次组装家具时，通过摸索和尝试，逐渐掌握了技巧，而在下次遇到类似柜子时，这些技巧就能帮助我们更加高效地完成任务。如今，这种能力正在新一代工业控制算法和智能系统中得到应用和验证，为技术的进步带来了新的可能性。

与传统的预设程序不同，当前的技术通过嵌入大模型构建的认知框架，使执行终端能够动态解析任务特征。虽然尚未达到人类的理解层次，但基于多模态感知和概率推理，已实现操作策略的跨设备适配与工艺泛化。这种能力的核心在于“知识泛化与任务迁移”，即从一个具体任务中提取出通用知识，并将它们应用到其他相关任务中，从而提升系统的灵活性和适应性。下面来分别介绍。

（1）知识泛化

知识泛化是智能系统从特定经验中提炼出通用规律的过程。来看一个家用服务机器人在第一次尝试抓取玻璃杯但失手打碎的情景。传统机器人可能需要工程师重新调试抓取参数，而搭载大模型的机器人则能启动“反思模式”：“抓取失败→压力传感器显示抓力不足→玻璃表面光滑需要更大的摩擦力→建议调整夹持力度或更换硅胶夹具。”这种基于自然语言的推理过程，实际上模拟了人类从错误中分析原因、提出改进方案的认知路径。通过这种方式，机器人不仅解决了当前的问题，还提炼出了“光滑易碎物品需要更大摩擦力”的通用知识，为后续类似任务提供了参考。这种能力使机器人能够在面对新的光滑易碎物品时，快速调整策略，避免重复错误。

（2）任务迁移

任务迁移是知识泛化的进一步应用，它使智能系统能够将从一个任务中获得的经验和知识应用到其他看似不相关的任务中。基于大模型的机器人能够将从不同场景中获取的经验相互关联并进行灵活应用。例如，一个机器人在厨房环境中学会了“易碎品轻拿轻放”的操作规则。当它进入实验室场景时，能够自然地将这一规则迁移到“搬运培养皿”的任务中。不仅如此，它还能进一步衍生出新的推论，比如“生物样本需保持水平移动”，以确保样本的完整性和安全性。这种能力源于大模型对语义关系的深度理解——它能够识别“陶瓷碗”和“玻璃器皿”在“易碎性”这一抽象维度上的共性，从而将“轻拿轻放”的规则泛化到类似易碎物品的操作中。

然而，要将这种任务迁移能力真正转化为精准的物理操作（比如抓取力度控制），还需要借助多模态感知技术和强化学习训练。具体来说，机器人需要结合材料力学传感器来感知物体的物理特性，通过触觉反馈系统实时调整抓取力度，并利用强化学习算法在大量实际抓取实验中不断优化操作策略。模型对“易碎”这一概念的文本理解，必须通过数万次的试错训练，从而转化为具体的压力参数阈值。在这个过程中，大模型的语义理解能力为任务迁移提供了理论基础，而多模态感知和强化学习则为实际操作提供了技术支持。通过这种结合，机器人不仅能够从一个任务中学习，还能够将所学知识应用到新的任务中，进一步拓展了知识泛化的应用范围，提升了机器人在复杂环境中的适应性和灵活性。

7.1.2　与具身智能的融合

具身智能（Embodied Intelligence）机器人的架构通常分感知层、决策层和交互层 3 个核心层级，每一层都有其特定的功能定位和技术实现路径，这里给出具身智能机器人的 3 层架构与大模型融合框架，如表 7-2 所示。

表 7-2　具身智能机器人的 3 层架构与大模型融合框架

层级	关键技术	实现功能	典型硬件 / 算法	大模型作用
感知层	多模态传感器融合	环境数据获取与预处理	RealSense D455+IMU（惯性测量单元）+麦克风阵列	①将原始传感器数据转化为语义特征向量 ②通过跨模态注意力机制关联不同模态数据
	视觉语言模型（VLM）	图像 – 文本跨模态理解	PaLM-E/CLIP-Interrogator	①实现图像与文本描述的双向映射 ②生成场景语义描述，供决策层使用
	点云处理	三维空间建模	PCL 库（点云库）+RANSAC（随机抽样一致）算法	①大模型辅助点云语义分割 ②通过预训练模型加速特征提取
决策层	分层推理引擎	高层任务规划 + 底层动作控制	大模型（LLaMA-3）+MPC（模型预测控制）控制器	①生成任务分解方案（如取可乐→开门→定位→抓取） ②动态调整策略参数
	强化学习优化器	动态策略调整	PPO 算法 +GAIL（生成对抗模仿学习）	①大模型提供策略评估基准 ②通过推理生成奖励函数设计建议
	知识图谱	常识推理与异常处理	Neo4j+OWL（Web 本体语言）	①利用大模型增强知识图谱的构建能力（如实体关系抽取） ②提供实时推理的语义背景知识
交互层	多模态融合接口	语音 / 手势 / 表情综合理解	OpenPose+Wav2Vec2+Transformer 库	①跨模态信息对齐与融合 ②生成对话响应的候选集
	人机意图对齐	隐式需求解析	意图识别模型（基于 BERT）	①通过上下文理解消除意图歧义 ②生成意图确认的提示信息
	数字孪生系统	虚拟环境预演	Unity/Gazebo 仿真平台	①大模型生成虚拟场景测试用例 ②预测物理世界交互的可能结果

在探索 AI 与物理世界交互的前沿领域，具身智能与大模型技术的结合正在开启一个全新的空间。这种融合不仅改变了机器理解环境的方式，更重新定义了人机协作的边界。

1．具身智能面临的挑战与大模型的协同作用

当我们走进一个陌生的房间时，眼睛扫过四周的瞬间，大脑已经自动完成了对空间结构的解析、物体识别和潜在路径规划。这种看似简单的行为，实则是人类数百万年进化形成的。而今天，我们正尝试将这种能力赋予机器。

具身智能的核心在于建立多模态的“感知－决策－交互”的技术闭环体系。不同于传统 AI 仅处理数字信息，具身智能体需要像生物体一样，通过多模态传感器（视觉、触觉、听觉等）实时获取环境数据，并做出适应性反应。这个过程中面临两大核心挑战。

挑战 1：对复杂环境的实时解析。一个家用服务机器人需要同时处理以下任务：通过深度摄像头获取三维空间信息、通过麦克风采集语音指令、获取力觉传感器反馈的抓取力度数据。这些异构数据流的融合本身就是一个巨大挑战。

挑战 2：动态决策的时效性要求。当机器人在执行“清理洒落的谷物”任务时，突然发现家中的宠物猫正走向清理区域，它必须在毫秒级时间内重新规划路径，而这种实时应变能

力远超传统程序化决策的能力范畴。

大模型通过自然语言推理能力，为具身智能提供高层任务分解和语义化决策支持，这催生了ECoT（Embodied Chain of Thought，具身思维链）技术框架。ECoT的核心在于将传统基于思维链的推理与物理世界感知相结合，使机器人能够在执行任务时进行多步逻辑推导，并基于环境信息做出动态调整。

让我们通过一个具体场景来理解这一过程。当用户对家庭机器人说“请帮我拿出冰箱里的可乐”时，整个系统会启动一系列复杂的处理流程。

1）语言理解：解析用户的指令，识别出核心需求——获取一瓶可乐作为解渴饮料。

2）环境建模：结合视觉、触觉等传感器数据，构建当前环境的语义描述，例如冰箱的位置、门的状态以及内部物品的分布。

3）任务分解：生成可行的动作序列，包括导航到冰箱位置、识别并打开冰箱门、定位可乐罐、规划抓取路径并安全地将可乐取出。

4）异常处理：预设处理策略以应对可能的问题，比如可乐被其他物品挡住，需要先移动前面的障碍物。

提示：这个过程并非完全依赖大模型技术。它融合了多种

关键技术，如计算机视觉（用于识别物体和空间关系）、强化学习（用于优化动作策略），以及控制算法（确保机械臂的精确运动）。ECoT 的作用是将这些模块整合在一起，提供一个统一的推理框架，让机器人能够像人类一样灵活地理解和执行任务。

ECoT 可以理解为一种将大模型的推理能力与具身智能深度融合的技术思路。它不仅能让机器人“像人一样思考”，更重要的是，它强调在物理交互过程中引入多步骤、可解释的推理链条——这些链条不仅包含任务分解和逻辑规划等语言层面的推理，还融合了视觉感知、空间关系判断以及底层动作执行等具体操作信息。

这种推理方式突破了传统端到端控制策略的“黑盒”特性，使机器人能够在执行复杂任务时，先进行多层次的“内部对话”。例如，识别当前环境中的关键物体、预测下一步应采取的动作路径、预判可能遇到的障碍并制定应对方案等。通过这种方式，ECoT 让大模型的语义理解和推理能力真正落地于物理世界，成为指导行为的“认知引擎”。

斯坦福大学和加州大学伯克利分校的研究表明，基于 ECoT 构建的 VLA（Vision-Language-Action，视觉 - 语言 - 动作）模型在面对新对象、新场景或新指令时展现出更强的泛化能力和任务完成率，尤其是在缺乏明确示例的情况下仍能保持良好的表现。

2. 基于大模型的具身智能技术实现路径

实现上述智能的关键，具身智能机器人要实现在感知层、决策层和交互层三个层面的技术突破。

在感知层面，引入了 ECoT 技术的 VLA 能够直接将摄像头捕捉的图像与可能的行动指令关联起来，不再需要工程师为每个动作编写详细代码。例如，当机器人看到打翻的牛奶时，它能自动联想到“需要先找抹布再清理”这样的常识性步骤。

在决策层面，大模型负责高层任务规划，就像人类的战略思维；而传统控制算法处理底层动作执行，类似人类的肌肉记忆。这种分工既保证了思维的灵活性，又确保了行动的精确性。在工业场景中，当系统检测到机床异常时，大模型可能生成“先安全停机再检查润滑系统”的决策，而具体的停机参数则由专业控制模块计算。

在交互层面，ECoT 技术让机器能够综合理解语音、表情、手势等复合信号。例如，医疗康复机器人能通过患者的微弱肢体语言和含糊的语音，准确解析出“想调整坐姿”的真实意图，这种细腻的理解能力在传统系统中难以实现。

3. 应用场景与行业实践

大模型技术与机器的融合，正在重塑实体智能系统的决策范式。这种结合既发挥了大模型的通用推理能力，又通过 ECoT 实现了物理场景的闭环交互，为复杂任务提供了层级化解决方案。

1）在商业服务领域，咖啡机器人不仅能记住“王先生喜欢少糖”的固定偏好，还能通过大模型解析“今天有点累，咖啡浓一点”的模糊需求。系统会关联用户画像（如健康数据）、实时情境（如下午 3 点的疲劳状态）甚至天气信息（如阴雨天）来动态调整配方，展现出类人的上下文理解能力。

2）在康复医疗领域，搭载大模型的外骨骼机器人能持续解读患者的肌电信号和动作意图，通过多步推理提供精准助力：当检测到患者尝试站起时，系统会分阶段执行“躯干稳定→重心转移→步态辅助”的动作规划，整个过程如同一个理解康复医学原理的智能治疗师。

大模型技术为具身智能注入了更强的语言理解与逻辑推理能力，成为连接感知与行为的“认知桥梁”。

7.2　教育的智能革命

大模型技术通过模拟人类逐步推理的过程，显著提升了 AI 在教育场景中的逻辑性、可解释性和实用性。在教育领域，基于思维链的大模型技术不仅优化了传统教学模式，还催生了智能化、个性化的学习范式。本节将从智能解题与辅导及跨学科教学角度，结合行业实践案例，系统阐述大模型技术的应用价值。

7.2.1 智能解题辅导

传统解题辅导往往局限于单一的知识点讲解或机械化的答案输出，难以帮助学生建立深层次的理解和灵活的解题思维。大模型技术通过透明化的推理过程和动态引导，不仅提升了解决问题的效率，更重塑了学生的学习方式。这项技术不只是答案提供者，更是思维方法训练师，能够引导学生逐步拆解复杂问题，自主构建解题路径，并培养逻辑推理、批判性思维和知识迁移的综合能力。下面来看两个简单的示例。

示例 1：Kimi 的视觉思考模型 k1 能够解析包含图示的几何题目，通过图像识别与逻辑推理的结合，逐步拆解问题并生成解题路径。学生不仅能看到答案，还能通过每一步的详细推导理解背后的数学原理（如勾股定理的应用或几何变换的逻辑）。

示例 2：某 App 在接入推理大模型 DeepSeek-R1 后，其学习机中的 AI 助手能够基于思维链技术提供“深度思考”功能，如图 7-1 所示。例如，当学生输入一道复杂物理题时，系统会先分析题目中的已知条件，再通过公式推导、单位换算等中间步骤生成最终答案，同时标注易错点（如忽略空气阻力或单位不统一）。这种透明化过程不仅减少了学生因逻辑跳跃导致的困惑，还能帮助教师快速定位学生的知识盲区。

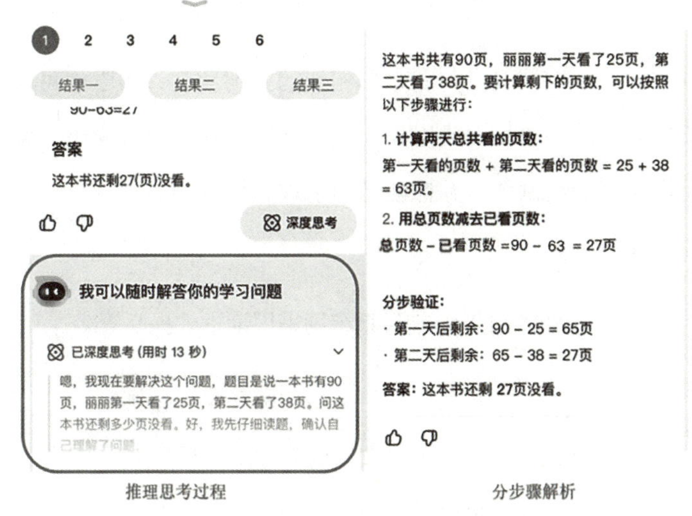

图 7-1　某 App 的 AI 学习小助手示例

下面再来详细分析一个实践案例。

某中学引入了一款搭载大模型的 AI 辅导工具，解决初中三年级学生在解答几何证明题时的逻辑断层问题。下面以一道典型的“圆与三角形综合题”为例，展示大模型在教育场景中的落地过程。

在中学数学教学中，几何证明题一直是学生面临的难点之一。复杂的图形关系、隐含的定理应用，以及严密的逻辑推导，往往让学习者在解题过程中陷入思维断层。而借助大模型，AI 可以扮演“推理引导者”的角色，帮助学生逐步构建解题路径，而非直接提供答案。

（1）从模糊到清晰：问题理解的动态引导

面对一道涉及圆与三角形相切的几何题，许多学生可能因条件表述的抽象性而难以建立直观认知。在传统教学中，教师通常会直接绘制图形并标注已知条件，但这一过程缺乏学生的主动参与。

而基于大模型的 AI 辅导系统则采用渐进式提问策略，例如：

- 题目中的“相切”指的是内切圆还是外接圆？
- 你能在草稿上先画出大致的图形关系吗？
- 半径的长度可以对应图形中的哪些具体线段？

通过这种方式，系统并非替代学生进行思考，而是促使他们自主梳理题目信息，逐步形成清晰的问题空间。

（2）从零散到关联：强调过程而非结果

几何学的真正精髓不在于那些静止的定理条文，而在于动态的思维建构过程。当学生面对错综复杂的几何图形时，最大的障碍往往不是知识的匮乏，而是无法将孤立的几何性质转化为连贯的逻辑脉络。传统的教学方法倾向于强调定理的记忆与应用，却忽视了最为关键的思维构建能力——这正是大模型辅导系统所能弥补的认知缺口。

这种智能引导的核心在于模拟数学家的思维路径：它不会直接揭示图形中的隐藏关系，而是通过一系列精心设计的启发式提问，引导学生自主发现那些潜在的几何关联。当学生意识到两条看似无关的线段竟满足特定的比例关系，或某个被忽略的共圆点恰好构成关键的角度等量时，他们经历的不是被动的知识接收，而是真正的数学顿悟。这种认知体验能够重塑学生对几何学的理解——从公式的记忆转变为清晰的逻辑网络。

更深层的教学价值在于，这种训练培养了学生的两种关键能力：一是对几何结构的敏感度，即能够直观地感知图形中可能存在的特殊关系；二是逻辑演绎的严谨性，即能够将直观发现转化为确凿的证明。当学生逐渐掌握这种双重能力时，他们不仅解决了眼前的题目，更获得了一种可迁移的数学思维框架。这种思维品质使得他们在面对陌生题型时，能够从容地分析图形特征，策略性地调用相关知识，最终构建出优雅的证明路径。

教育心理学研究表明，这种强调思维过程而非结果的教学方式，能够显著提升学生的知识迁移能力。因此，这样的数学教育便实现了其最本质的目的——培养真正的数学思考者，而不仅仅是解题技术的熟练工。

（3）从答案到思维：批判与迁移能力的养成

解题的终点不应仅是正确答案，而是完整的思维习惯。因此，AI 系统会在学生得出结果后，进一步引导他们：

- 反向验证答案是否符合几何约束（如三角形边长是否满足基本不等式）。
- 探讨如果某个条件变化，解题方法该如何调整。
- 关联现实应用，如类似的几何关系在建筑或工程中如何体现。

这种训练不仅巩固了知识，更培养了学生的批判性思维和问题迁移能力。

7.2.2 跨学科教学

在现代教育中，学科之间的壁垒常常阻碍了学生形成完整的知识体系和解决复杂问题的能力。大模型技术的出现，正在打破这些人为设置的学科边界，为跨学科教学提供了前所未有的可能性。这项技术不只是知识的连接器，更是思维方式的整合器，能够帮助学生在多维度的知识空间中自如穿行，建立起知识间的有机联系，培养真正的系统性思维。

在传统教育体系中，知识被人为地分割成各个学科，学生不得不在不同课堂间来回切换，自行寻找知识间的内在联系。以“气候变化”这一全球性议题为例，在传统分科教学模式下，地理课上讨论温室效应的自然因素，物理课讲解热能传递和辐射平衡，化学课分析大气成分变化，政治课则探讨国际气候政策。这种分散的教学方式导致学生只能获得碎片化的认知，难以形成对复杂问题的整体理解。

大模型技术的介入彻底改变了这一状况。它不再将知识视为孤立的信息点，而是构建起一个多维的知识关联网络。当学生探究“北极冰川消融”这一现象时，智能教学系统会自动关联和整合多个学科的核心概念，包括地理学中的冻土融化机制、化学中的甲烷释放过程、物理学中的温室效应原理以及政治经济学中的能源政策影响等。

跨学科教学背后是大模型技术强大的跨学科推理能力。以 GPT-4、Claude 等模型为例，当处理“气候变化”这类复杂议题时，模型能够：

- 自动识别并关联多学科核心概念（冻土融化→甲烷释放→温室效应→能源政策）。
- 构建跨领域推理链条（物理原理→化学过程→社会经济影响）。
- 生成连贯的多学科分析框架。

这种能力源于大模型在预训练阶段吸收的海量跨学科数据，以及通过提示工程强化的推理路径。

百度文心千帆平台与高校合作的跟踪数据显示，接受过跨学科思维链训练的学生，在毕业后参与智慧城市项目时，其方案设计平均整合了 5.3 个学科知识模块，远超传统培养模式下毕业生的 2.1 个模块，且问题解决周期缩短了 40%。这种能力迁移效应表明，大模型不仅是教学工具，更是塑造复合型人才认知能力的“导师”。

7.3 金融决策新范式

在金融行业中，大模型技术通过结构化的问题拆解与逻辑推理能力，正在重塑传统业务流程，推动智能化、精准化和高效化的服务升级。本节将介绍智能投研、智能风控系统构建、信贷评估逻辑的革新等关键场景下的行业实践案例，总结大模型在金融领域的实践成效与未来图景。

7.3.1 智能投研决策逻辑的重塑

在华尔街的玻璃幕墙大厦里，分析师们曾经依靠堆积如山的财报和咖啡因支撑的夜晚来完成投资决策。而今天，大模型技术正在悄然改变这种延续了数百年的行业模式，重塑智能投研的决策逻辑。

1. 智能投研的演进

投资研究（投研）是金融行业的核心环节，负责为投资决策提供理论基础和数据支持。纵观投研发展史，可大致划分为 3 个阶段。

（1）经验直觉时代（20 世纪初～ 20 世纪 70 年代）

这一时期的投研工作主要依靠分析师个人经验和行业洞察。著名投资家本 Benjamin Graham 的价值投资理论成为这一时代的代表。分析师通过阅读年报、实地调研和行业观察来形成投资判断，因为信息获取渠道有限，所以采用的分析方法相对简单。

（2）量化分析时代（20 世纪 70 年代～ 21 世纪最初 10 年）

随着现代金融理论的发展和计算机技术的普及，量化分析开始在投研领域崭露头角。CAPM（资本资产定价模型）、Black-Scholes 期权定价公式等理论框架的出现，使投资决策开始建立在更科学的数学模型基础上。Renaissance Technologies、D.E.Shaw 等量化对冲基金的成功，标志着量化投研方法的成熟。

（3）智能投研时代（21 世纪最初 10 年至今）

大数据、云计算和 AI 技术的兴起，推动投研进入智能化阶段。金融数据分析成为投研工作的基础支撑，而智能投研则在此基础上，通过AI技术对传统投研流程进行全面革新。智能投研正在经历历史上最深刻的转型，从传统上依赖“经验直觉”的决策方式到基于大模型技术的智能决策范式。

2. 传统投研模式的固有缺陷

传统投研面临几个根本性挑战，这些挑战在市场波动加剧、信息爆炸的当代金融环境中尤为明显。

（1）认知局限

人类分析师的认知有限，难以同时处理海量非结构化数据（如财报文本、新闻舆情）与结构化数据（如财务指标、交易数据）的复杂关联。一项针对专业投资分析师的研究显示，即使是经验丰富的分析师，在同时分析超过7个变量时，判断准确率也会显著下降。

以美国股市为例，仅标普500指数成分股公司每季度就会产生超过2万页的财报文件，再加上电话会议记录、监管文件和分析师报告，单个分析师需要处理的信息量远超人类认知极限。更不用说全球股市中成千上万的上市公司信息。

（2）模型僵化

传统量化模型受限于硬编码规则的设计，无法动态适应市场环境的变化。2008年金融危机就是一个典型案例，当时许多基于历史数据构建的风险模型在极端市场条件下完全失效，因为这些模型无法处理前所未见的市场行为。

量化对冲基金 LTCM（Long-Term Capital Management，美国长期资本管理公司）的崩溃也揭示了这一问题，虽然模型在正常市场条件下表现出色，但在 20 世纪末出现的某国债务危机这种“黑天鹅”事件中完全失灵，最终导致基金倒闭。

（3）技术瓶颈

传统机器学习模型（如随机森林、XGBoost）虽能处理高维数据，但缺乏可解释性，难以满足投资决策的透明度要求。这种“黑盒”特性使得监管机构和投资者难以理解与信任模型的决策过程，限制了这类技术在投资领域的应用深度。

一项针对机构投资者的调查显示，超过 70% 的受访者认为算法决策的可解释性是采用 AI 技术的最大障碍，这一比例在监管严格的养老金和主权财富基金中甚至高达 85%。

（4）更新困难

早期规则引擎系统依赖人工制定逻辑链条，更新成本高昂且适应性差。在市场环境快速变化的情况下，这些系统往往滞后于市场，无法及时调整策略。

一家大型资产管理公司曾披露，其传统规则引擎系统每次重大更新需要 6 ～ 8 周的开发和测试周期，而市场环境可能在数小时内发生剧变。这种时间差成为投资决策的致命弱点。

3. 大模型技术在智能投研的应用

现代大模型如 GPT-4、DeepSeek-R1、Qwen 等正在成为解决这些挑战的关键力量。它们不仅具备超强的信息处理能力，更重要的是，这些大模型能够像人类分析师一样进行多步推理。

在投研领域，大模型带来的最重要变革是同时处理结构化和非结构化数据的能力。它们能够同时分析文字、数字、图表甚至音频内容，从财报中的文字描述到管理层语调变化，全方位捕捉信息。将金融专业知识与最新市场信息相结合，形成综合判断。理解长文本中的逻辑关系和隐含信息，识别出财报措辞变化背后的潜在风险。

将大模型技术应用于智能投研是近些年的关键创新，大模型能够将复杂的投研决策问题分解为可追溯的推理步骤，主要有如下 3 步。

第 1 步：信息提取与验证。从非结构化财报文本中提取关键财务指标，并自动校验数据一致性。例如，模型不仅可以从特斯拉季度财报中提取标准财务数据，还能识别车辆交付量、能源业务增长等关键业绩指标，并检查这些数据在文本不同部分的一致性。

第 2 步：多维度分析与情景构建。结合实时宏观经济数据与行业景气度变化，构建动态估值模型。例如，在分析半导体行业时，模型会综合考虑 PMI（Purchasing Managers' Index，采购经理指数）指数、全球芯片短缺情况、主要厂商产能利用率等多维数据，构建出不同经济情景下的行业发展路径。

第 3 步：策略生成与风险评估。基于风险因子暴露分析，生成差异化投资策略。模型不仅会推荐“买入”或“卖出”的简单决策，还会提供完整的投资逻辑、风险因素分析和多种情景下的表现预期。

在实际应用中，基于大模型技术的投研系统能够生成类似以下的分析报告：

基于对公司最新财报的分析，我发现营收增长率从上季度的 15% 下降到 9%。进一步分析财报文本发现，管理层多次提及“供应链挑战”（在问答环节出现 7 次，较上季度增加 5 次）。结合行业数据显示，该公司所在的半导体设备制造业普遍面临原材料短缺问题。此外，三大客户占比从 65% 上升至 72%，客户集中度风险增加。综合这些因素，建议将目标价格降低 20%，评级由“买入”调整为“持有”。

这种分析既保留了传统分析师报告的逻辑清晰性，又具备机器学习模型的数据处理优势，同时能够根据最新市场环境动态调整评估框架。

7.3.2 智能风控系统构建

大模型技术在金融风控领域的创新应用，正在从根本上改变传统风险控制的范式。通过引入大模型技术，金融机构能够实现从静态财务数据评估向动态产业价值分析的跃迁，显著提升了对小微企业的风险识别能力和信贷可得性。这一转变不仅突破了传统风控模型依赖历史数据和财务指标的局限性，还为解决小微企业融资难问题提供了全新的解决方案。

在这一背景下，越来越多的金融机构开始探索构建以大模型为核心的新一代智能风控系统。这类系统不仅具备强大的多模态数据处理能力，还能模拟资深风控专家的判断逻辑，从而实现更精准、更具前瞻性的风险评估。

例如，某领先数字银行开发了一套智能风控系统，其核心在于利用大模型强大的推理能力和多源信息整合能力，重构了信用评估的底层逻辑。该系统不再依赖企业提交的财报信息，而是将企业在产业链中的位置、技术创新能力、市场发展潜力等非结构化与半结构化数据纳入评估体系，构建了一个覆盖多个重点产业的动态产业链图谱。这种“看本质”的思维方式，使得系统能够在复杂的商业环境中更精准地捕捉企业的潜在价值和风险点。

在这套系统中，大模型的作用尤为关键。它不仅承担了数据整合与特征提取的任务，更重要的是，它通过设计多层次的推理链条，实现了对复杂业务场景的深度理解和逻辑推演。

整个系统的运行架构由 3 个核心功能模块组成，它们共同构成了一个闭环的智能风控系统。

（1）产业链智能映射模块

产业链智能映射模块依托大模型对海量异构数据的处理能力，整合工商注册信息、专利数据库、供应链交易流水、政府公开项目数据等多源信息，构建了一个高度精细化的产业知识图谱。利用该知识图谱，系统可以识别企业在产业生态中的真实位置及其上下游关系，尤其针对那些缺乏透明度的“隐形冠军”企业，系统能够揭示其核心技术价值和产业地位。这一步骤是后续信用评估的基础，也是大模型发挥其推理能力和多源信息融合能力的关键环节。

（2）动态信用评估模块

在产业链智能映射模块的基础上，系统通过设计特定的提示工程，引导大模型模拟行业专家的判断过程。不同于传统的评分卡模型，该模块能够结合企业的当前表现与其所处行业的竞争格局、技术创新水平及政策环境等因素，进行多维度的推理与比较，从而生成一个动态调整的信用评分。这种评估方式不仅考虑了企业的历史表现，还具备一定的预测能力，能够反映企业未来的成长潜力与潜在风险。

（3）秒级决策服务模块

大模型支持下的全流程自动化审批机制，使得原本需要数日甚至数周的贷款审批流程被压缩至秒级。秒级决策服务模块的核心在于将前两个模块输出的复杂分析结果转化为具体的信贷决策建议，并通过 API 快速反馈给前端系统。借助大模型的实时推理能力，系统可以在毫秒级别内完成从数据输入到风险评估再到授信决策的全过程，极大地提升了普惠金融服务的效率和覆盖面。

这套智能风控系统并非简单地作为产业知识图谱构建工具，而是一个深度融合了大模型推理和分析能力的综合性平台。它不仅能够高效整合并理解多元异构数据，还能通过模拟专家推理路径，实现对复杂金融风险的深度洞察，使得金融机构在面对日益复杂的市场环境和多样化的客户需求时，具备了更强的风险识别与应对能力。

7.3.3 信贷评估逻辑的革新

在传统金融体系中，高新技术企业的融资之路往往充满挑战。由于其资产结构以专利、技术团队和研发能力为核心，缺乏稳定的现金流和可抵押的固定资产，使得它们在银行信贷评估中难以获得足够的信用支持。这种结构性矛盾长期制约着科技型中小企业的发展。而大模型技术正在从根本上重构这一评估逻辑，将信贷决策从“抵押导向”转向“价值导向”，实现了对技术企业真实潜力的深度挖掘。

让我们通过一个典型案例来观察这一转变过程。

某家专注于新能源汽车电池隔膜材料研发的中小企业，正是这场变革中的受益者。该企业成立于 2018 年，拥有自主知识产权的纳米复合隔膜技术，并已进入头部电池厂商供应链。尽管其固定资产仅占总资产的 15%，却将年收入的 28% 投入研发。在传统信贷评估体系下，这样的轻资产结构和高研发投入很难被量化为信用优势，反而容易被视为风险信号。然而，在银行信贷评估体系引入大模型后，这家企业获得了银行发放的 200 万元纯信用贷款，成为技术驱动金融创新的生动实践。

这背后的关键在于大模型所构建的“认知增强型”评估机制。不同于传统的评分卡或规则引擎，这套系统能够模拟行业专家的认知路径，实现对企业价值的多维度动态解析。例如，在分析该企业的技术优势时，系统首先识别其产品在安全性、导热性和电化学稳定性方面的性能指标，随后通过产业链知识图谱定位该产品在动力电池供应体系中的位置，再结合政策趋势与市场需求预测，推演出产品未来的技术适配性与市场潜力。这一系列推理步骤，不仅涵盖了静态数据的处理，更融合了对动态变量的预测，形成了一种“由技术看市场，由市场定信用”的全新评估逻辑。具体而言，有两方面的创新。

1）在专利评估环节，大模型展现出更强的语义理解和跨领域推理能力。它不仅能解析专利文本的技术特征，还能通过预设的推理链条进行逐层判断：“技术先进性→行业痛点解决能力→竞争壁垒强度→商业化前景”。这种评估方式跳出了传统专利估值依赖引用次数或法律状态的局限，转而关注专利在实际产业生态中的战略价值。对于那些尚未形成大规模营收但具备核心技术的企业而言，这种基于大模型的价值发现机制尤为重要。

2）更具前瞻性的是，系统对“风险–收益”关系的动态建模能力。借助大模型的逻辑推理能力，系统能够整合宏观经济走势、新能源汽车产业发展趋势及技术迭代路径，构建出一个面向未来的预测框架。例如，当分析该企业在固态电池时代的适应能力时，系统会先推演固态电解质可能对隔膜材料提出的新要求，再评估该企业现有技术路线是否具备延展性，最终生成针对不同技术路径的风险敞口建议。这种基于逻辑推理的风险管理方式，使金融机构能够在不确定性中把握确定性，提升对科技创新的支持能力。

这一案例表明，大模型与信贷评估体系的结合，使得金融评估不再局限于对历史数据的回溯性判断，而是通过构建多层次的推理链条，实现对企业未来价值的前瞻性洞察。这种从“抵押优先”到“价值发现”的跃迁，不仅拓宽了科技型中小企业的融资通道，也为整个金融体系注入了更强的包容性与预见性。

展望未来，随着大模型技术的持续演进，智能风控将向更高层次的系统化管理迈进。一是发展跨产业链的风险传导分析能力，以应对复杂经济环境下系统性风险的识别需求；二是建立实时动态授信调整机制，实现对客户信用状态的连续监控与响应；三是增强产业政策模拟推演能力，帮助金融机构提前预判政策变化对信贷资产质量的影响。这些方向的技术突破将进一步巩固大模型在金融决策中的核心地位，也为金融服务实体经济提供了更具前瞻性和精准性的支撑。

7.4　法律领域的创新实践

法律行业作为传统专业领域的代表，长期以来依赖经验积累与逻辑推理。然而，随着技术革新与大模型的引入，法律实践正经历从线性决策到系统性、动态化分析的转型。本节将探讨大模型在法律领域的应用。

7.4.1 法律推理能力升级

在某个忙碌的周五下午，王律师正面临着一个棘手的案件。他的委托人是一家初创科技公司，被指控其核心算法涉嫌抄袭。传统的工作方式要求他花费数周时间埋首于堆积如山的判例中，但这一次，他决定尝试一种全新的方法——借助搭载大模型技术的 AI 助手。这种转变并非个例，在法律界，一场静悄悄的革命正在发生。

以最新的 DeepSeek-R1 系统为例，它能够在短短 15 分钟内完成过去需要团队协作数天才能完成的法律分析。当输入“分析图形处理算法独创性认定的法律标准”这样的指令时，系统展现出的思考过程令人惊叹。它首先像一位资深律师那样，将模糊的“独创性”概念拆解为可操作的法律要素：独立创作的证据链、技术突破的实质性、行业通用方案的对比基准等。

1. 推理升级案例 1：专利法的独创性认定

以 DeepSeek-R1 结合全球专利数据库、司法判例库等知识库来处理“图形处理算法独创性认定”这一复杂法律问题为例，其输入指令可具体化为：请依据中国《中华人民共和国专利法》及《专利审查指南》的相关规定，分析某图形渲染算法是否满足独创性要求，并将该算法与行业通用方案（如 OpenGL 的 ×× 算法）进行对比，出具相应的法律意见书。

当接收该指令后，系统首先调用某法律领域的专用大模型的法律文本解析模块，将模糊的“独创性”概念转化为可操作的三阶验证框架。

第一层验证独立创作性，通过检索全球专利数据库（如 Derwent Innovation）构建技术方案溯源图谱。

第二层评估技术突破实质，调用中国法律相关研究机构提供的司法判例库，对比近 3 年类似算法专利无效宣告决定书中的裁判要旨。

第三层建立行业基准，利用强化学习框架动态抓取 GitHub 开源项目与 IEEE 论文中的主流实现方案。

在输出阶段，系统以结构化的 JSON 数据格式呈现推理链条[⊖]。

首先列出《中华人民共和国专利法》原文及对应的大模型解析结果，继而展示算法代码相似度检测报告（如基于 CodeBERT 的语义比对），最终输出包含 12 项评估指标的风险矩阵图。例如针对某深度学习驱动的抗锯齿算法，系统在 15 分钟内完成对 327 份对比文件的交叉验证，发现其创新点“基于人眼视觉感知的动态采样率调节”与现有技术存在显著差异，并标注出可能构成侵权风险的 4 个技术特征。这种将抽象法律概念转化

⊖ 本案例输出内容，是大模型与 RAG、专业知识库等综合分析后的结果，并非单纯依靠大模型的推理而得到。

为可验证技术指标的能力，正是强化学习 + 思维链架构带来的突破性进展。

系统不仅能够理解法律术语的精确含义，更能模拟人类律师的推理路径。它会自动关联《中华人民共和国著作权法》的具体条款，检索近 10 年相关判例，甚至能够捕捉到不同地区法院裁判尺度的微妙差异。然而，我们必须认识到，当前法律 AI 的能力仍有明显边界。以 DeepSeek-R1 为例，尽管它在结构化推理方面表现出色，但在面对高度复杂的法律创新问题时，仍需人类律师的专业判断作为最终把关。特别是在缺乏明确判例的新兴领域（如数字资产、算法公平性诉讼等），系统往往无法完全脱离人类专家的指导。

再看一个软件算法著作权纠纷的案例。

2. 推理升级案例 2：著作权的侵权认定

当原告主张其图像处理算法被侵权时，基于大模型的法律推理系统展现出了专业辅助分析能力。系统会协助分析算法的技术特征，并检索《中华人民共和国著作权法》的相关条款，并对大量相关判例进行分析，识别出近年来法院对算法相关著作权的重要判例。例如，这些判例强调了“技术实现路径”评估维度，即判断算法是否具有独创性不仅需要考察代码实现，还需评估其解决问题的技术思路是否具有创新性。系统识别出这一评判标准与案件的关联点，辅助构建法律层面的论证思路，帮助当事人组织证据材料，为证明其算法创新性提供了有力支持。

值得关注的是，这些系统正在发展出一种基于数据分析的模式识别能力，这种能力正在扩展传统法律分析的边界。与人类律师主要依靠个人经验和判断不同，基于大模型的辅助系统能够从大量裁判文书中提取关联规律，帮助发现一些可能被忽略的变化。具体而言，有以下 4 方面的变化。

（1）胜诉趋势的宏观洞察

这些系统能够精确追踪某类案件胜诉率随时间的变化趋势。例如，在处理知识产权侵权案件时，某系统发现：2018 ～ 2020 年间，算法专利侵权案件的原告胜诉率稳定在 62% ± 3%，但自 2021 年《中华人民共和国数据安全法》实施后，该数值显著下降至 48%。进一步分析显示，这种变化与法院对“技术贡献度”审查标准的提高密切相关。这种趋势分析能力使得律师能够更精准地评估案件前景。在某半导体专利诉讼中，系统基于历史数据预测出“主张赔偿金额超过 500 万元的案件，其调解成功率比判决胜诉率高 22%”，这一洞见直接促使当事人调整诉讼策略，并最终通过调解达成和解。

（2）法官裁判风格的微观解析

系统对司法行为模式的识别达到前所未有的精细程度，具体来说有以下两点。

1）能够量化分析特定法官的裁判倾向，如某知识产权法官在软件著作权案件中对“实质性相似”认定的阈值较同行高15%，且更倾向于支持对于用户界面设计相关的保护主张。

2）通过自然语言处理技术，系统甚至可以识别法官文书中的“情感倾向指标”，如使用“明显”“毋庸置疑”等确定性词汇的频率，并可对被告抗辩理由的采纳比例与文书长度的相关性进行分析。

（3）预测性司法的前沿实践

在某次具有里程碑意义的测试中，一个经过200万份裁判文书训练的预测系统展现出惊人的准确性。例如，针对某省高院即将审理的上诉案件，系统通过以下维度进行分析。

- 对比近3年该法院286件类似案件的裁判结果。
- 分析合议庭组成人员的157份历史判决。
- 追踪最高人民法院相关指导案例的引用趋势。

（4）隐藏关联的深度挖掘

这些系统最突破性的能力在于发现看似无关要素间的隐秘联系。例如，在某商业秘密案件中，系统揭示出一个反常识规律：当被告企业成立时间超过8年时，法院认定“保密措施合理性”的标准会降低 11%。这与法官对企业治理成熟度的潜意识认知有关。另一个典型案例显示：在涉及判决 AI 技术专利有效性的案件中，通常第三季度判决有效比无效的比率高，深层分析表明这可能与法院年度结案压力下的裁判倾向变化有关。

上述能力实质上是系统对法律领域知识多维度建模的产物。

- 时空维度：案件审理时间、地域差异的量化影响。
- 主体维度：法官、律师、鉴定机构的行为模式分析。
- 文本维度：裁判文书语言特征的深层语义关联。
- 社会维度：政策变化与司法裁判的动态响应关系。

当前最先进的法律 AI 系统已能构建包含超过 200 个影响因子的决策模型，尤其对简单案件的预测准确率已达到 85%。

这种能力不仅改变了诉讼策略制定方式，更在重塑整个法律服务的价值链条——从被动应对转向主动预判，从经验驱动转向数据驱动，这一转变正在重新定义 21 世纪的法律实践范式。

3. 变革中的争议与解决方案

然而，这场变革并非没有争议。法律界对于 AI 的介入始终保持着审慎态度。最直接的挑战来自技术的可靠性。

在法律推理的实践中，曾出现过这样的一个典型案例：当系统接收“某公司未经授权使用他人注册商标，涉及侵权赔偿金额 500 万元”的案件描述作为输入时，其输出的类案推荐中竟包含一份带有确切编号的虚构判决文书。另外，这份被虚构的判例详细描述了“某科技公司商标侵权案”的审理过程，并引用了《中华人民共和国反不正当竞争法》第十七条作为裁判依据。然而经过司法数据库交叉验证，该文书编号对应的实际案件却是另一桩著作权纠纷案，与商标侵权毫无关联。

这种“幻觉”现象暴露出两个核心问题。

一是模型在处理专业领域知识时，容易将训练数据中的片段信息重组为看似合理的新内容。

二是大模型在引用法律条款时同样会产生幻觉（参见上述案例），而法律文书引用体系存在天然的严谨性要求，任何细微的偏差都可能导致法律论证失效。

为解决这两个问题，某研发团队在构建法律大模型时采取了三重校验机制。

首先，通过规则引擎比对文书要素与案例库的匹配度。

其次，利用向量数据库进行语义相似度验证。

最终，由资深法律专家进行人工复核。

这种架构在处理知识产权案件时展现出显著优势：当

DeepSeek-R1 模型接收到“集成电路布图设计专有权侵权认定”的复杂案情时，系统不仅准确调取了中华人民共和国最高人民法院的核心判例，还能通过逻辑推理链展示不同判例间的适用关系，这种深度思考能力使 AI 系统在类案的推荐准确率上提升了 37%。

而更深层的讨论则应围绕法律伦理与责任划分展开。例如，当一位律师采纳了 AI 助手的建议却导致败诉时，责任应当如何划分？这涉及专业服务责任的重新定义。目前业内的共识是保持“人类最终决策权”模式，但这又引发了新的问题：律师是否可能以“AI 建议”为借口推卸职业责任？从法理学角度看，这需要重新审视“合理注意义务”的标准，并可能促使立法机构考虑制定专门的法律相关的科技使用规范。

技术与传统的碰撞仍在持续。北京互联网法院 2023 年审理的“AI 生成设计著作权案”中，原告与被告双方提交的类案检索报告均由不同 AI 系统生成，结论却截然相反。这暴露出当前系统的“解释鸿沟”——虽然能完成法律要素匹配，但在价值衡量层面仍需人类法官的实质判断。这种局限性恰恰印证了德国法学家阿列克西的论证：法律推理不仅是逻辑推导，更是包含价值权衡的实践理性活动。面对这种张力，法律职业共同体正在重塑能力图谱。

中华人民共和国最高人民法院在《中国法院的互联网司

法》白皮书及后续政策中强调，法律人才须具备“复合型能力”：既需保持规范分析、逻辑推理等传统法律思维，又需要具备 AI 工具使用、数据合规等技术素养。例如，某知名律所的培训体系已纳入“AI 提示词工程”课程，教授律师如何将模糊的法律问题转化为机器可处理的结构化指令，这种“人机协同”的新范式，正在重新定义职业律师。

7.4.2 合同风险识别

在法律服务的浩瀚海洋中，合同审核一直是最耗费人力的环节之一。来看一下一位资深律师面对一份 50 页的跨境供应链合同时的情景：他需要逐条分析权利义务关系，对比行业惯例，还要考虑不同司法管辖区的判例差异。这种工作不仅耗时，更隐藏着 3 个深层次的行业难题。

首先是条款的复杂性。现代商业合同往往像俄罗斯套娃一样层层嵌套，一个简单的“交货条款”可能涉及违约责任、不可抗力、争议解决等多个维度的关联内容。更复杂的是，这些条款需要结合最新的行业实践和司法判例进行动态解读，传统的人工审核很容易出现“盲区”。

其次是经验的门槛效应。法律风险的识别能力与从业者的经验积累呈指数级关系。一位处理过上百起物流纠纷的律师，能够敏锐地发现“交货延迟违约金”条款中隐藏的陷阱，而新手可能只会关注表面文字。因为经验老到的律师，收费往往也高，所以使得中小企业往往难以获得高质量的法律服务。

最后是法律环境的动态性。在全球化商业背景下，一份合同可能同时受到多个法域的影响。比如，同一份跨境贸易合同中的“不可抗力”条款，在中国法院和德国法院的解释可能存在微妙差异。传统审核方式很难实时跟踪这些变化。

而最新一代的推理模型（如 OpenAI-o1、DeepSeek-R1 等），将合同中的法律条款分析转化为一个多层次的认知过程。这不再是简单的关键词匹配，而是模仿人类律师的推理逻辑，构建起完整的法律分析链条。以某市落地的“全产业链数字化法律服务数字应用平台”为例，系统首先会对合同进行“认知解构”：就像经验丰富的律师会下意识地将合同分为“权利义务”“违约责任”“争议解决”等模块一样，大模型技术会自动建立条款之间的逻辑关联。这种结构化处理使得隐性风险无所遁形。

但真正的突破在于动态知识关联。系统不仅分析合同文本本身，还会实时对接司法数据库、行业白皮书等多源信息，形成一个持续进化的“法律大脑”。当分析“交货延迟条款”时，它能自动关联近期类似案例的判决趋势，甚至能发现不同地区法院的裁判尺度差异。

让我们通过一个真实场景看看这项技术如何落地。某制造企业与物流供应商签订合同时，约定了“延迟交货每日违约金为合同金额 0.1%”的条款。传统审核可能止步于条款本身的合规性检查，但采用大模型技术的 AI 系统会启动一个完整的分析过程。

（1）第一层：结构化解析

系统将条款拆解为 3 个维度。

在“权利义务”层面，明确“延迟”的定义标准。

在“违约责任”层面，分析违约金计算方式的合理性。

在“程序性条款”层面，检查争议解决机制的实操性。

这种多角度透视，确保不遗漏任何潜在风险点。

（2）第二层：判例关联

系统自动检索近 3 年的类似案例，发现几个关键规律。

超过 70% 的纠纷源于对“不可抗力”的定义模糊。

违约金超过行业惯例的合同，有 1/3 被法院调整。

异地管辖显著增加诉讼难度。

这些洞见远超个人律师的经验范围。

（3）第三层：动态优化

基于分析结果，系统不仅指出风险，还提供建设性方案：建议细化不可抗力的具体情形，将违约金调整至行业平均水平，增加累计上限条款，并优化证据保存机制。这些建议都附带最新判例支持，形成完整的逻辑闭环。

7.4.3　智能调解创新

一位经验丰富的调解员正面临职业生涯中最棘手的案件——一起横跨中韩两国的医疗美容修复手术纠纷。这位中国消费者此前已在别处接受过一次鼻部手术，因效果不佳，专程与韩国这家知名医疗美容机构签订了独立的修复合同。案件的起因，正是消费者在接受了这次高价的鼻部修复手术后，对术后效果表示严重不满，认为未达到合同约定的修复标准。韩方医疗机构则坚持手术过程及结果均符合合同及行业规范。此案争议的焦点在于手术效果的客观评判与合同履行标准。在传统调解模式下，这将是一场漫长的拉锯战：文件认证需要数周，法律咨询费用高昂，语言障碍让沟通困难重重。但今天，调解员基于大模型的智能调解系统，整个调解过程将发生翻天覆地的变化，精准解决了纠纷的痛点。

当调解员输入案件基本信息后，大模型展现出的证据梳理能力直接解决了跨境调解的核心难题。它自动提取电子合同中的关键条款，并比对术前与术后的医疗影像，甚至抓取社交媒体上消费者的情绪表达。这些多源异构的数据在传统调解中需要人工花费数天整理，而大模型仅需几分钟便能建立完整的证据链条。更具突破性的是，它用不同颜色标注证据间的逻辑关系——直接证据标红警示，佐证材料呈现金黄色，矛盾点则以紫色闪烁提示，这种可视化的推理方式让基于大模型的 AI 系统真正成为可追溯、可审查的调解工具。

在法律要件分析阶段，系统创造性地嵌入了比较法数据库（一个能即时对比两国法律差异的智能资料库）。面对中韩医疗损害赔偿标准的差异，它先调取《中华人民共和国消费者权益保护法》的某条赔偿条款，再调取韩国《医疗纠纷调解法》及《医疗法施行规则》中的补偿基准，通过动态参数池（即将关键变量设置为可灵活调整的选项，如赔偿金、责任比例等）构建起跨国赔偿模型。调解员在调整消费者权益权重时，模型自动关联中国司法解释中的"欺诈认定标准"[㊀]；当输入韩国医疗美容机构抗辩理由时，系统同步推送首尔行政法院 2023 年同类案件的裁判要旨（即过往判决的核心摘要）。在调解过程中，如中国消费者与韩国医疗美容机构需要韩方的官方认可，则以韩国医疗行业协会或第三方医学鉴定机构的医学标准为准，必要

㊀ 在中国司法实践中，欺诈认定是启动惩罚性赔偿的必要前置程序，通常先依据欺诈认定标准对事件进行定性，再根据赔偿条款确定赔偿范围。

时可由首尔地方法院指定的司法鉴定机构出具医学鉴定意见。整个法律推理既保持专业与严谨性，又通过参数化设计实现了调解方案的弹性生成。

另外，大模型协助双方突破了语言文化的壁垒。系统不仅实现中韩双语文本的实时互译，更内置法律文化差异适配模块。当韩国机构援引“知情同意书”（一份详述手术风险并由患者签字确认的法律文件）抗辩时，系统同步完成三重解析：首先定位中国《医疗美容服务管理办法》第二十条关于告知义务的规定，继而对比韩国《医疗法施行规则》附件 3 的知情同意书格式要件，最后用生活化的比喻向中国消费者解释——在韩国医疗体系中，这份文件效力如同“法律授权书”，直接影响责任认定边界。这种跨法系的解释能力，使调解真正超越了语言翻译的浅层需求。

最富革命性的是调解方案的执行环节。传统调解协议往往是一纸静态文本，而大模型生成的是一份“活”的智能合约（一种能自动执行合同条款的数字化协议）。比如，它可以设置类似这样的条款：“如术后 6 个月复查结果经双方认可的第三方医学鉴定机构（如首尔地方法院指定鉴定机构或中韩双方共同认可的国际医学鉴定机构）认定达到合同约定的医学标准，即鼻部形态符合术前设计图纸的 90% 以上相似度，且无功能性障碍（如呼吸困难、嗅觉异常等），则韩国医疗美容机构履行赔付义务，包括全额退还手术费用及承担后续修复费用；否则，由该鉴定机构出具鉴定报告，并自动触发额外赔偿条款，即除基础赔付外，还需支付精神损害赔偿金（按中国《最高人民法院关于审理人身损害赔偿案件适用法律若干问题的解释》标准计算）及误工费、交通费等间接损失。若韩国的医疗美容机构未履行赔偿，相关协议可提交至韩国法院或中国法院申请司法强制执行，或由区块链智能合约自动冻结相关保证金以保障执行。”

额外赔偿的必要性在于：一方面补偿消费者因医疗纠纷产生的精神损失和时间成本；另一方面通过惩罚性赔偿机制，促使医疗机构更加重视医疗质量和服务标准，形成有效的行业自律机制。此类合约通过区块链技术（一种去中心化、不可篡改的记账技术）自动执行，极大减少了传统调解后常见的执行纠纷。

关于调解方案的业务逻辑的说明如下。

首先，韩国的医疗美容机构需要为过去的医疗事故承担责任并进行必要的赔偿。

其次，韩国的医疗美容机构需要提供一次无偿的、有明确标准的鼻部美容修复手术的补救方案。

最后，若该补救方案再次失败，则美容机构将面临更严厉的惩罚。

这一环环相扣的设计，为消费者权益提供了双重保障。这里的关键在于区分“和解赔偿”与“未来修复与违约风险”。

1）和解赔偿：这是调解协议的核心，旨在补偿消费者因上一次失败手术所遭受的直接经济损失（如手术费）和精神痛苦。这笔赔偿是针对已经发生的伤害，也是调解达成的前提，无论后续修复是否进行，都必须履行。

2）未来修复与违约风险：协议中关于“免费二次修复”和“90% 成功标准”的条款则旨在为可能出现的问题提供前瞻性的补救方案。如果这次免费的修复再次失败，即未能达标，则会触发新的、额外的惩罚性赔偿。

在这场智能调解实践中，从证据整理到协议签署仅用了 3 小时，而传统方法需要 3 周以上。但效率提升只是表面变化，更深层的变革在于调解过程的透明化和民主化。当事人不再被动接受专家的判断，而是通过 AI 提供的可视化分析，亲身参与每个决策环节。调解也不再是零和博弈，而是通过大模型的模拟计算，找到各方利益的最大公约数。这不仅意味着更高的效率和更低的成本，更代表着一种更加透明、更加包容的正义实现方式。

正如一位资深法官所言：“技术不会取代人类调解员，但使用技术的调解员将取代那些拒绝改变的人。未来的法律调解将是人类智慧与 AI 的协奏曲。”在这个人机协作的新时代，公正不再遥不可及，而是变成每个人都能切身感受的现实体验。

7.5 汽车工业革新

随着AI技术的飞速发展，大模型技术在汽车领域的应用逐渐从理论走向实践，并展现出强大的变革潜力。从自动驾驶到智能座舱，从生产优化到车联网生态，融合大模型的汽车智能技术为汽车行业的高效决策、精准控制和用户体验升级提供了全新路径。本节将深入探讨大模型技术在汽车领域的具体应用场景及其实践案例。

7.5.1 智能座舱升级

智能座舱作为人机交互的前沿阵地，正通过大模型技术实现从单纯功能控制向真正“理解用户”跃迁。本节将从技术架构、智能决策和用户体验3个维度，系统分析大模型如何重塑汽车座舱体验。

1. 多模态融合的技术架构

智能座舱的进化依赖多项核心技术的协同突破。大模型虽是关键引擎，但同样不可或缺的是多模态传感器、边缘计算和实时数据融合等底层技术的支持。现代车载系统通过整合语音识别、图像处理、环境感知等模块，能够同步处理来自摄像头、雷达、温度传感器等十余种硬件的数据流。这种多源信息的整合能力，如同人类大脑处理五官信号般精密。例如，当系统检测到“我有点冷”的语音指令时，不仅触发空调调节，还会结合来自座椅温度传感器的数据动态调整出风量。

这种服务能力的提升源于“端云协同”架构的突破。车载芯片负责处理即时性需求，如通过视觉算法捕捉驾驶员揉眼动作，而复杂场景的深层分析则由云端大模型完成。某德系品牌采用的混合式架构颇具代表性：本地系统在 200 毫秒内处理紧急指令（如紧急制动），而涉及上下文理解的交互（如识别“宝宝睡着了”后的儿童模式切换）则由云端的大模型支撑。这种分工既保障了安全性，又实现了深度的场景理解能力。

2. 场景感知与智能决策

在场景感知层面，先进的智能座舱系统已实现了从被动响应到主动预判的转变。这种转变得益于决策机制融合了传统规则引擎与大模型的推理能力。以雨天场景为例：毫米波雷达检测到雨量强度，光学传感器分析出能见度变化，底盘传感器感知到路面附着力，这些结构化数据首先经过传统算法进行基础判断，随后交由大模型进行多跳推理——综合历史驾驶习惯、实时交通状况和车内人员状态，最终生成包含雨刷频率调节、导航路线优化、氛围灯切换的多维响应方案。

当前领先系统的感知维度已扩展至200余项技术指标，包括红外摄像头分析的乘客微表情、座舱压力传感器判断的人员分布等。某车型在实测中展现的“共情”表现，实际上是多模态数据融合的结果：当语音系统检测到对话音量升高时，首先调低媒体音量；若同时监测到方向盘握持力度的变化，则进一步触发注意力提醒模块。这种层级化的响应机制，既体现了大模型的价值，也凸显了传统传感技术的基石作用。

3. 用户体验革新与未来展望

从用户体验视角看，智能座舱的进化带来了前所未有的便捷与舒适。想象这样一个场景：冬日的傍晚，小雨淅沥，你结束一天的工作坐进车里。车辆已经自动调亮了内饰灯光，雨刷以恰到好处的频率开始工作，导航避开了一处积水路段，音响里响起你常听的爵士歌曲。这是科幻电影，而是基于大模型等技术综合赋予现代智能座舱的真实能力。

在全球智能座舱的发展竞争中，中国车企表现尤为亮眼。某国产新能源品牌的最新座舱系统已经能够理解相当复杂的中文表达。当用户说“找个能充电还能喝咖啡的地方”时，系统不仅能找到符合条件的服务区，还会根据用户的口味偏好推荐具体的咖啡品类。大模型给予的这种语言理解能力的突破，让交互变得更加自然和流畅，也进一步增加了用户黏性。

然而，技术的深入发展也带来了新的思考：当汽车越来越了解我们，如何平衡便利性与隐私保护？当系统能够自主做出越来越多的决定，责任边界又该如何划分？这些问题的答案，需要技术开发者、法律专家和消费者共同探索。

从更宏观的视角看，智能座舱的演进是大模型改变人类生活的一个缩影。当机器开始具备类人的推理能力，我们与技术的相处方式必将发生深刻变革。汽车作为“第三生活空间”，正在这场变革中扮演着先锋角色，它不再是一台冰冷的机器，而是一个正在学习、理解人类的智能伙伴。

7.5.2　赋能制造体系

在汽车制造这个精密而复杂的领域，焊接工艺的质量把控一直是决定整车安全性的关键环节。当数千个焊点在车身框架上同时完成时，传统的人工检测方式就像用放大镜检查一幅巨画——不仅效率低下，而且难免遗漏细节。这正是 AI 技术大显身手的舞台，特别是引入了大模型技术时，一场制造业的质量革命正在悄然发生。

某知名车企与 AI 技术公司合作开发的焊接质量智能检测系统，堪称典范。这个系统最精妙之处在于，它并非简单地将传统算法替换为深度学习算法，而是构建了一个会“思考”的智能体系。该系统能够像人类专家一样工作：先观察焊点外观，再分析图像特征，最后结合传感器数据综合判断。

传统检测面临的三大困境在这个系统中得到了巧妙化解。

（1）解决检测的效率瓶颈

原本需要30分钟的人工质检流程，现已被压缩至仅需2分钟，这得益于大模型对多模态数据的高效并行处理能力。在此过程中，高精度工业相机同步采集焊点图像，红外热像仪记录温度变化曲线，声波传感器采集金属融合状态的声音信号。这些异构数据输入模型后，通过统一的特征空间进行融合与推理，构建出一条可解释性强的决策路径。

（2）处理复杂缺陷的能力

30分钟的人工检测流程如今被缩短至仅需2分钟，这一效率飞跃得益于大模型对多模态数据的高效并行处理能力。在焊接质量检测过程中，高精度工业相机实时捕捉焊点的高清图像，红外热像仪同步记录焊接区域的温度变化曲线，声波传感器则采集金属融合过程中的声波发射信号——这些来自不同维度的数据几乎在同一时刻被采集，并在模型内部有机融合，形成一条清晰、连贯的推理链条，从而实现对缺陷的快速识别与精准判断。

这种跨模态协同分析的方式不仅显著提升了检测速度，也大幅提高了判断的准确性，为智能制造和工业自动化提供了强有力的技术支撑。

更令人惊叹的是系统在处理复杂工业缺陷时所展现出的深度推理能力。以最常见的“虚焊”为例，传统图像识别算法往往只能基于样本数据机械地比对焊点图像特征，判断焊点是否存在异常，并且通常难以揭示缺陷背后的成因。

而大模型则能够模拟人类专家的分析逻辑，综合多源信息进行因果推理。例如，在检测过程中，当系统感知到以下多重信号：

- 熔池温度分布偏离标准高斯曲线。
- 声波频谱在 300 ～ 500Hz 区间出现能量衰减。

它便会自动启动推理流程：如果熔池温度异常，同时伴随特定频段声波信号变化，则虚焊概率上升至 87%，建议重点检查焊枪角度与焊接速度等关键工艺参数。

这种具备逻辑性和可解释性的推理方式，正是当前以 OpenAI-o1、DeepSeek-R1 为代表的大模型的核心技术突破所在，标志着 AI 正从“识别表象”迈向“理解因果”的新阶段。

（3）智能、可追溯的决策机制

系统的决策机制同样体现了大模型的智慧。例如，大模型通过融合多源异构数据，模拟专家级分析过程，使每一个关键决策都具备可解释性与可追溯性。例如，在异常工况下，系统不仅能识别问题，还能清晰地展示其判断依据："由于A供应商交付延迟+库存水平低于安全阈值→建议切换至B备选方案并调整生产顺序"。又如，当检测到异常时，它不会简单地亮起红灯，而是会像经验丰富的工程师一样追溯问题根源：可能是上游的板材厚度波动，也可能是焊接机器人的路径规划偏差。这种层层递进的推理能力，使得系统能够给出"将电流从120A微调至125A"这样精确的优化建议，而不是笼统地给出"焊接质量不合格"的判断。

这种智能决策能力在涂装车间的应用中得到了更充分的展现。大模型能够构建复杂的推理链条：当检测到环境湿度上升2%时，它会预判漆膜黏度可能下降，进而建议将喷涂距离缩短5厘米，同时相应增加10%的涂料流量。这种能够动态平衡多因素的智能决策，正是现代制造业转型升级中最需要的核心技术能力。通过持续学习和优化，大模型正在将制造业的智能化水平提升到前所未有的高度。

展望未来，大模型技术正逐步成为制造业智能化转型的核心驱动力，全面重塑传统制造体系的运作逻辑。从供应链风险预测、原材料短缺预警，到多品种小批量场景下的柔性生产排程，新一代AI系统已不再局限于执行预设规则的"自动化工具”，而是进化为具备推理能力，能够辅助甚至自主决策的“智能工程师”。

7.5.3　辅助驾驶革新

当前市场上的量产辅助驾驶系统主要基于传统的计算机视觉、传感器融合和专用算法，尚未大规模应用大模型技术。大模型技术在车载场景的应用主要集中在车机交互、信息娱乐系统等非关键驾驶功能上。对于核心的辅助驾驶功能，虽然业界仍优先考虑专门针对特定任务训练的模型，以确保安全性、实时性和可靠性，但是很多企业在积极探索和尝试，也取得了不错的进展。例如头部车企融合多模态与思维推理的 VLA（视觉 – 语言 – 动作）架构，显著提升了辅助驾驶系统的智能化水平，提供了更加人性化的驾驶体验。

例如，当驾驶员表达“我想找个超市”的需求时，辅助驾驶系统不仅能依赖高精地图和定位数据，还能结合大模型的理解能力，进行更贴近人类思维的推理：比如通过视觉识别判断建筑类型、分析周边车流和人流模式，甚至结合区域商业分布推测超市的可能位置。这种多层次的认知能力，使得自动驾驶技术在面对模糊指令或动态环境时，能做出更灵活、更人性化的响应。当然，这一能力的落地仍需与传感器融合、实时路径规划等传统自动驾驶技术紧密结合，才能实现安全可靠的驾驶体验。

需要强调的是，无论技术如何先进，当前阶段的自动驾驶系统仍然是辅助工具，最终的决策权和责任在人类驾驶员手中。大模型技术的价值在于增强系统对驾驶环境的理解能力和人机交互的自然度，使驾驶辅助功能能够更好地配合人类驾驶员的需求和决策习惯，而非取代人类的判断和控制。这种人机协作模式结合了人类的决策智慧和计算机的信息处理能力，是当前自动驾驶技术发展的现实路径。

随着辅助驾驶技术的不断发展，行业面临的一个重要挑战是如何使系统决策更加透明和可理解。当前辅助驾驶系统在复杂场景下的决策过程往往难以被直观解释，这不仅影响了用户对车的信任，也给安全评估和责任认定带来了困难。在这方面，基于思维链的技术路径提供了一个可能的解决方向——通过结构化的推理过程，使系统的决策逻辑变得更加清晰、可追溯。虽然这类技术在量产车辆中的完整应用仍需时日，但该技术在可解释性方面的潜力已获得业界广泛关注。

从长远来看，辅助驾驶技术的发展正在从单纯的感知控制向更高层次的场景理解和智能决策方向演进，这种进步将使汽车从简单的交通工具逐步发展为更智能的出行助手，但这一过程将是渐进式的技术演进，而非突变式的跨越。站在技术演进的角度看，这不仅仅是辅助驾驶的进步，更是人工智能理解物理世界的重要里程碑。这种技术的溢出效应可能会远超我们的想象，从服务机器人到智慧城市管理，大模型技术正在重新定义机器智能的边界。

7.6　医学与健康领域的创新实践

大模型技术正在医疗领域掀起革命性变革，为诊断决策、精准治疗和患者管理带来前所未有的可能。通过汇聚专业知识，并模拟医生的思考过程及利用多步骤推理能力，这一技术在肾脏病学、心理健康、性格解析等领域展现出显著价值。

7.6.1　肾脏病学中的创新实践

将大模型引入肾脏疾病的诊疗体系，它在复杂病例分析中展现出了独特优势，尤其在电解质紊乱（如低钠血症）鉴别、代谢异常（如代谢性酸中毒）溯源及继发性高血压病因探查等领域具有突破性价值。

1. 技术优势分析

基于大模型的诊疗体系具有以下技术优势，例如：

1）认知路径可视化：传统的 AI 系统往往被视为“黑箱”，其决策过程难以解释。而大模型技术的应用将使每一步诊疗推断都清晰可见，甚至每个结论都附带支持证据，帮助医生理解

AI 是如何得出某个诊断的。

2）动态知识更新：模型能实时整合最新的实验室数据、影像结果或患者病史，模拟医生在床旁进行反复推敲的过程。这种能力特别适用于需要不断调整判断的临床场景，如急性肾损伤的早期识别和干预。

3）多模态数据融合：不同于传统 AI 只能处理单一类型的数据，多模态大模型可以同步解析结构化指标（如血钠浓度）、非结构化文本（如电子健康记录）以及影像特征（如 CT 扫描图像），从而构建出更全面的诊断结论。

2. 实践案例

以下 3 个案例展示了大模型技术在不同医学诊断场景中的应用价值：低钠血症的鉴别诊断、代谢性酸中毒的病因溯源以及继发性高血压的病因探查。这些案例清晰地呈现了大模型技术如何协助医生系统化地分析复杂病情，提升诊断效率。

（1）低钠血症的鉴别诊断

以一位 65 岁男性患者的低钠血症诊断为例，假设医生和基于大模型技术的智能诊断系统均获得了患者的相同基础数据，包括血清钠水平（125 mEq/L）、尿渗透压（450 mOsm/kg）、尿钠（40 mEq/L）、药物史、基础疾病情况等。在传统临床工作中，医生通常会根据这些检验结果和病史信息，初步判断为

“考虑抗利尿激素分泌异常综合征（SIADH)”，但由于部分信息存在不确定性，往往还需进一步复杂检查才能最终确诊，这不仅延长了诊疗周期，也增加了患者负担。

而基于大模型技术的智能诊断系统，在获得与医生相同的全部数据后，会按照系统性排查的思路，对低钠血症的常见病因进行逐一评估：第一步排除心、肝、肾等相关基础疾病的可能性；第二步聚焦于药物史分析，检索可能影响电解质平衡的用药情况；第三步进行肿瘤相关筛查，评估是否存在副肿瘤综合征。当这些常见病因被逐一排除后，系统会对血清钠、尿渗透压、尿钠等关键指标进行多维度解析，并结合甲状腺功能等辅助检查结果，最终形成完整的诊断推理链条。

这种推理过程不仅复现了专科医师的诊断轨迹，还将原本隐性的诊断路径转化为显性化的推理证据链。由于大模型能够系统、全面地整合和分析所有可用数据，减少了人为疏漏和主观偏差，因此在同样数据基础上，其结论的可解释性和实用性均得以显著提升。这一过程符合当前临床辅助决策系统的发展趋势，也为实际诊疗提供了有力的智能支持。

（2）代谢性酸中毒的病因溯源

急诊医学中的复杂代谢紊乱诊断一直是临床挑战，尤其是高阴离子间隙代谢性酸中毒 (HAGMA) 的病因鉴别，常涉及多种潜在致命病因，需要快速而精准的判断。在传统诊断流程中，医师往往依赖个人经验和有限的临床指标进行初步判断，这种方法在面对非典型表现时容易出现延误或偏差。

一名 24 岁男性患者被送至急诊室，表现为意识模糊、呼吸急促，血气分析检查显示严重代谢性酸中毒（pH 7.15），同时由化验结果得出存在高阴离子间隙（25 mmol/L，正常范围为 8 ～ 12 mmol/L）问题。在传统流程中，急诊医师可能倾向于先考虑常见病因，如糖尿病酮症酸中毒（DKA）或乳酸酸中毒。

而融入了大模型技术的临床决策支持系统在此类案例中进行了多层次的分析策略。

第一层分析：患者血糖 6.2 mmol/L（正常范围），尿酮体阴性，迅速排除糖尿病酮症酸中毒可能。

第二层分析：乳酸水平略升高（2.5 mmol/L），但不足以解释严重酸中毒，肌酐和尿素氮处于正常范围，排除肾功能衰竭和严重乳酸酸中毒可能。

第三层分析：系统检测到关键异常指标——血清渗透压间隙显著升高，高达 22 mOsm/kg（正常值小于 10）。这一特征性指标提示存在未被常规检测识别的渗透活性物质，高度暗示可能存在醇类（如乙二醇、甲醇）中毒。

这种动态推理机制有效规避了传统静态判断的局限，提高了对罕见病因的识别能力。

当前阶段的系统仍处于“人机协作”模式。系统的推理结果和建议需经由临床医师评审和确认，最终诊疗决策仍由医师负责。这种协作模式既保证了 AI 辅助诊断的安全性，也通过显性化的推理过程帮助医师拓展诊断思路，实现人机互补的优势组合。随着临床数据积累和算法优化，这类系统未来有望在更广泛的复杂诊断场景中发挥价值，特别是在基层医疗机构和急诊抢救等时间敏感环境中。

（3）继发性高血压的病因探查

一位 28 岁女性患者，血压长期维持在 160/110mmHg 以上，尽管已尝试 3 种不同机制的降压药物联合治疗，但效果仍不理想。当这类年轻患者出现顽固性高血压时，通常提示可能存在继发性原因，但病因筛查路径繁多，临床决策极具挑战性。

在这一复杂情境下，基于大模型的诊断支持系统会构建起一个系统性的排查框架。诊断支持系统不是简单地列出所有可能的病因，而是按照“常见优先、危险优先”的临床原则，给出诊断方案：首先建议完成全面的生化指标评估，包括肾功能、电解质及血糖等基础检查；其次聚焦于继发性高血压的常见内分泌病因，并建议系统检查醛固酮 / 肾素比值、皮质醇水平及儿茶酚胺代谢产物，检查结果显示所有指标均在正常范围内。

当常规内分泌筛查未发现异常后，系统进入更深层次的诊断：考虑到患者年龄和性别特征（28 岁女性），大模型认为肾血管性疾病的优先级应当提升，特别是肾动脉纤维肌性发育不良（FMD）这一在年轻女性中相对高发的病因。基于这一推断，系统建议进行肾动脉多普勒超声和肾动脉 CT 血管造影检查。

影像学检查证实了系统推荐的诊断方向——患者的右侧肾动脉中段呈现出典型的“串珠样”改变，即血管管腔交替出现扩张和狭窄，这是 FMD 的经典影像学表现。这一发现使诊断明确为肾动脉纤维肌性发育不良所致的继发性高血压，为后续治疗提供了明确方向。

3. 未来应用方向

随着物联网设备、组学技术和电子健康档案的不断发展，大模型技术与肾脏病学的融合将开启个性化精准医疗的新篇章。这种融合不是简单的技术叠加，而是通过多维度的数据整合与多层次的推理分析，构建起贯穿诊断、治疗与预后管理的智能化闭环系统。以下将详述几个重点应用方向。

（1）透析方案的动态优化

这类系统首先为患者建立全面的健康与疾病状态的数字化模型，整合基础临床特征（年龄、体重、肾功能状态）、实时生理参数（血压、心率、体液状态）和透析过程指标（清除率、超滤量）。随后，基于大模型的诊断支持系统通过分析各参数间的关系，例如超滤速率增加对血压稳定性的影响、透析液钠浓度与患者渴感的关联，以及不同透析时长对中分子清除的效果差异。

最具创新性的是系统的动态调整能力。传统透析处方通常每月调整一次，而智能系统可根据每次透析中的实时数据进行微调。例如，当检测到患者血压下降趋势时，系统会自动分析可能原因（超滤过快、透析液温度过高、自主神经功能不稳定等），并生成针对性调整建议，如降低超滤速率或调整透析液温度。这种透析管理模式，使治疗方案能够随患者状态实时优化，大幅减少透析相关的并发症。

（2）肾脏移植后的用药精准化

肾脏移植是终末期肾病的最佳治疗选择，但移植后的免疫抑制治疗长期面临“过度抑制导致感染”与“抑制不足引发排斥”的平衡困境。大模型技术结合药物基因组学与临床药理学原理，正在重塑移植后用药管理模式。

系统通过整合患者的药物代谢酶基因多态性（如 CYP3A5、ABCB1 等）、药物血药浓度监测数据、免疫功能指标以及临床症状，构建多步骤的用药决策框架。例如，当检测到血药浓度波动时，系统不会简单地建议增减剂量，而是通过基于大模型的诊断支持系统分析波动原因——可能是食物相互作用、并用药物影响，或患者代谢状态变化。这种多因素分析能力使系统超越了传统的剂量－浓度的线性调整模式，实现了更符合药理学原理的精准调药。

在并发症管理方面，系统的价值更为显著。当移植患者出现肾功能变化时，系统能够同步评估所有用药对肾功能的影响，包括直接肾毒性、间接血流动力学影响和潜在药物相互作用等。这种全药物谱分析弥补了专科医生可能对非免疫抑制剂关注不足的缺陷，能为患者提供全面的用药安全保障。

（3）慢性肾病进展的精准预测

慢性肾病的个体进展速度差异显著，有些患者可在 10 年甚至更长时间内保持稳定，而另一些患者则可能在短期内快速发展至终末期。这种异质性使医疗资源配置和治疗强度选择极具挑战性。而基于思维链的预测模型通过整合多层次数据，实现了从“单一标志物预测”的简单预测，转向能够模拟部分病理生理过程的复杂且可解释的模型。

这类预测系统首先需要整合临床常规数据（如血压、蛋白尿、血肌酐）、生活方式信息（饮食习惯、活动量、用药依从性）和可穿戴设备监测数据（血压波动、活动量、睡眠质量）。

然后通过大模型分析电子健康记录中的非结构化信息，如症状描述、就诊频率变化等数据。最后，系统将这些多维度信息映射到已知的肾病进展路径，生成个体化的疾病轨迹预测。

此外，大模型技术还可在医学教育、科研文献筛选、临床决策支持等方面发挥重要作用。例如，通过模拟医生的推理过程，帮助医学生掌握复杂病例的诊断思路；或者快速识别最新发表的高质量肾病研究论文，提升临床医生获取前沿知识的效率。

通过构建可解释、可验证的智能决策支持系统，有望真正实现“千人千面”的个性化医疗愿景。

7.6.2　心理健康智能评估的创新实践

传统心理健康评估主要依赖自评量表和专业人员访谈，存在主观性强、资源依赖度高、标准化不足等问题。而引入大模型之后，心理健康评估系统能够模拟医生的分步诊断逻辑，实现更加客观、高效且具备可解释性的评估过程。

大模型技术在心理健康评估领域的核心突破在于其透明化的推理过程与多维度的信息整合能力。通过将复杂的心理状态评估转化为可追溯的推理链条，既解决了传统 AI“黑箱”决策的可信度问题，也提升了评估结果的精准性与临床参考价值。

特别在抑郁症筛查与压力状态检测两个重要应用方向上，基于大模型的评估系统展现出显著优势。

一方面，在抑郁症筛查中，通过对患者访谈文本进行分析，系统能够提取情绪线索、匹配量表维度并生成量化评分，有效提高诊断的标准化水平。

另一方面，在压力状态检测中，结合视觉大模型与自优化机制的架构，系统能够实现从面部微表情分析到心理状态判断的可解释评估流程。

1. 智能化创新实践

心理健康评估的复杂性在于其主观性与多维性，传统方法难以同时兼顾评估效率与结果可信度。基于大模型的智能评估系统正在弥补这些缺陷。

（1）抑郁症智能筛查系统

在抑郁症评估领域，传统方法主要依赖患者自填量表或临床访谈，存在主观性强、耗时长等痛点，尤其对医疗资源匮乏的地区来说，标准化诊断工具的可及性面临挑战。有研究团队将大模型技术引入心理健康智能评估系统，该系统中带有用于评估的患者健康问卷。下面以 PHQ-8（抑郁症筛查量表）为例，其评分标准示例如表 7-3 所示。

表 7-3 PHQ-8 评分标准示例

问题	分数
1. 做事时提不起劲或没有乐趣	0 ~ 3
2. 感到心情低落、沮丧或绝望	0 ~ 3
3. 入睡困难、睡不安稳或睡眠过多	0 ~ 3
4. 感觉疲倦或没有活力	0 ~ 3
5. 食欲不振或吃太多	0 ~ 3
6. 觉得自己很糟，或觉得自己很失败，或让自己或家人失望	0 ~ 3
7. 对事物专注有困难，例如阅读报纸或看电视剧时	0 ~ 3
8. 动作或说话速度缓慢到别人已经察觉，或烦躁或坐立不安、动来动去的情况更胜于平常	0 ~ 3

该系统通过模拟临床医生的诊断思维，对患者访谈文本进行分层次解析。

首先，识别对话中的情绪信息，例如“最近两周对任何事情都提不起兴趣”，并将该信息与 PHQ-8 量表中的对应维度进行匹配。

其次，系统将 PHQ-8 量表的评分维度与指标转化为语义化的推理框架，设计多层级的提示模板，引导模型在解析患者访谈文本时遵循临床医生的诊断思路。

最后，系统基于症状出现的频率进行量化评分，并通过评分汇聚算法将各维度的定性判断转化为可量化的评分结果。

这种智能的诊断过程显著提升了模型对语义细微差别的捕捉能力，例如能够精准区分“偶尔失眠”与“持续睡眠障碍”等关键指征。

在实际操作中，系统向大模型输入患者访谈文本的同时，还会附加精心设计的指导性提示，例如：

请依照 PHQ-8 量表标准，逐步分析以下对话内容中可能表现的抑郁症状。对每个维度先提取相关语句证据，再判断症状程度，最后给出 0 ～ 3 分评分。

这种设计强制模型将原本的“黑箱式”判断转变为可追溯的推理过程，每个评分结果都伴随着详细的语义证据与推理路径。与传统的端到端预测方法相比，此类分步推理机制显著降低了评分偏差（平均误差从 ±0.78 分降至 ±0.31 分），特别是在情感表达模糊或隐晦的案例中，诊断准确性提升达 42.3%，为临床实践提供了更可靠的辅助判断依据。

这一应用创新为基层医疗机构的抑郁症筛查提供了标准化工具，特别适用于初诊分流和病情监测场景，同时显著降低了专业诊断工具的使用门槛。

（2）压力状态智能检测系统

随着计算机视觉和深度学习技术的发展，基于视频分析的非接触式压力检测成为压力状态检测的研究热点。这类模型的核心假设在于，个体的心理压力状态会通过其面部不自主的微表情和肌肉活动客观地反映出来，并且这种生理特征能够被算法有效捕捉和量化。基于计算机视觉的情绪识别技术，通过分析非接触式视频捕捉测试者的微表情特征，为压力状态的识别提供了创新解决方案。这不仅实现了对个体全天候动态监控的可能性，还通过深度学习算法构建了具有临床参考价值的心理健康评估体系。

然而，这种决策过程缺乏透明性，为此，研究人员提出了一种分步推理机制，创建了一个"特征描述 – 状态评估 – 依据聚焦"的分析框架。该框架首先解析面部动作单元（例如眉部下压、唇部紧绷等），然后综合这些信息来评估压力等级，并最终突出显示影响判断的核心特征，确保决策过程的可追溯性。

为了进一步提高检测结果的临床可靠性，清华大学的研究团队联合北师大于 2024 年提出了一种"三段式推理链"架构，不过依然沿用了"特征描述 – 状态评估 – 依据聚焦"的分析框架。

- 特征描述：运用预训练视觉语言模型解析面部动作单元，如眉部下压（AU[㊀]4）、唇角拉伸（AU12）。
- 状态评估：结合面部特征与视频时序信息来确定压力等级。

㊀ AU（Action Unit，动作单元），源自面部动作编码系统（FACS），FACS 将人脸的各种可能的运动分解为具体的、可观察的动作单元。每个动作单元对应着一个或多个面部肌肉的特定运动。

❑ 依据聚焦：利用影响度验证算法量化关键特征的贡献度，形成可追溯的决策依据。

推理链机制的工作流程示意图，如图 7-2 所示。

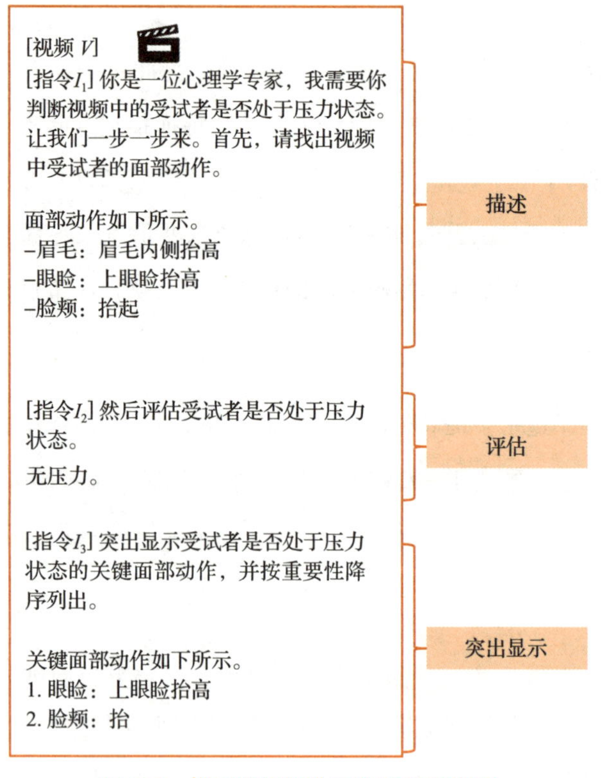

图 7-2 推理链机制的工作流程示意图

图 7-2 中带橙色底纹标记的文本由模型生成。文本中描述的内容主要包括 3 个主要步骤。

❑ 描述视频中的面部表情。

- 根据原始视频和生成的表情评估压力水平。
- 突出显示影响压力评估的关键面部表情。

在决策依据生成环节，创新性引入影响度验证算法。它通过在决策时遮蔽关键面部区域（一种因果推理技术），并观察模型预测结果的波动，来量化各个特征对最终判断的贡献度。有实验显示，当遮蔽关键的面部动作单元（如 AU7，即眼睑收紧）时，模型预测的置信度会显著下降（在一项研究中下降了 58.2%）。这有力地验证了该方法所生成依据的可靠性，并表明系统识别出的关键特征确实在决策中起到了主导作用。

这类“三段式推理链”架构在公开数据集测试中展现出显著优势，较传统生理传感方法有明显提升。其快速响应特性为动态监测提供了可能。例如，在养老机构试点中，系统通过分析老年人在日常活动中的微表情变化，成功实现潜在焦虑状态的早期预警，效果显著超越人工观察。

这种技术突破正在重塑心理健康服务体系：在远程医疗场景，医生可通过视频会诊获取客观的情绪评估数据；在学校心理辅导中，系统可辅助筛查高危群体；在企业健康管理计划里，实时压力监测为员工心理健康提供科学依据。随着技术迭代，这项创新有望成为精神健康预防体系的重要组成部分，推动医疗服务向精准化、主动化方向发展。

2. 现实挑战与发展方向

随着大模型技术在心理健康评估领域应用的逐步深入，该领域所面临的系统性挑战也日益凸显。这些挑战不仅源于技术本身的局限，更是由复杂的社会－心理－医疗生态环境共同导致的。

首先，文化适应性问题构成了大模型应用的首要障碍。心理健康的表达方式深受文化浸染，不同文化背景下的情绪表达、求助行为与症状描述均存在显著差异。例如，东亚文化背景下的抑郁表现常偏向躯体化症状，而西方语境则更强调情绪低落的主观体验。大模型若仅基于单一文化语料训练，其评估框架必然带有文化偏见。这不仅需要多元化语料库的构建，更需要在模型设计层面引入文化敏感性维度，使系统能够识别、理解并适应不同文化语境下的心理健康表达模式。在中国多民族、多地域差异的现实条件下，这种适应能力尤为关键。

其次，专业伦理与隐私保护的平衡问题日益突出。心理健康数据属于极其敏感的个人信息，大模型技术的应用不可避免地涉及大量此类数据的采集与分析。在此过程中，如何在获取足够评估信息的同时保障用户的隐私权，如何在系统记忆功能与数据遗忘权之间取得平衡，这些都是亟待解决的难题。特别是在多方数据共享的科研环境中需要超越单纯技术层面，通过去标识化处理、差分隐私技术与用户知情同意机制的综合应用，形成法律 – 伦理 – 技术的多层次保障体系。

最后，大模型技术与现有医疗体系的衔接问题尤为关键。无论技术多么先进，若无法融入医疗机构的日常工作流程，都将难以产生实质性价值。当前医疗系统的信息孤岛现象、电子病历标准不一致、医务人员对新技术的接受度差异等因素，都构成了技术落地的现实屏障。大模型系统在设计阶段就需考虑与现有医疗信息系统的兼容性，在部署过程中需兼顾医务人员的使用习惯与培训需求，在应用阶段需建立明确的责任界定与决策支持框架，而非简单的替代。

基于上述挑战，大模型技术在心理健康评估领域的未来发展方向应着重于 3 个维度的突破。

第一，与多学科知识体系的深度融合。大模型技术应超越单纯的数据驱动范式，积极吸收心理学、精神医学、社会学、伦理学等领域的理论成果与实践智慧。这种跨学科知识融合不是简单的学科叠加，而是在问题定义、模型构建与应用验证的全流程中实现真正的知识整合。例如，将认知行为理论、精神病理学分类体系、社会文化因素分析框架等知识系统性融入大模型的推理架构，使技术工具建立在坚实的多学科理论基础之上。同时，与各学科专家建立常态化的协作机制，形成技术研发与学科发展的良性互动。

第二，评估工具的生态化发展路径。单一的大模型评估工具难以应对心理健康领域的复杂需求，未来发展应着眼于构建完整的服务生态。从前端的多渠道数据采集（包括语音、文本、面部表情、行为数据等），到中端的多模型协同分析（结合规则系统、统计模型与神经网络等不同技术路线），再到后端的多层次干预支持（涵盖自助管理、社区支持与专业治疗等不同强度的干预方案）。这种生态化思路要求大模型技术不再孤立发展，而是积极寻求与其他技术手段的互补与协同，形成从筛查、评估到干预的完整闭环服务体系。

第三，技术进步与伦理规范的同步推进。心理健康领域比其他技术应用场景更加需要伦理敏感性，大模型技术的发展必须将伦理考量内置于研发全过程。这不仅包括传统的数据隐私与安全保障，更涉及系统决策的公平性、评估结果的可解释性、用户自主权的尊重以及潜在风险的预警机制等多重维度。值得关注的是，伦理规范不应被视为技术创新的阻碍，而应成为引导创新方向的重要力量。通过建立动态更新的伦理审查机制、开发可审计的技术架构、形成多方参与的治理框架，使技术发展始终以提升人类福祉为核心导向。

在中国特定的社会文化与医疗体系背景下，大模型技术应用还需要特别关注本土化适应与资源可及性平衡。

一方面，需针对中国人群的心理特点、表达习惯与求助行为进行深入研究，开发符合本土需求的评估标准与交互模式。

另一方面，需考虑区域发展不平衡的现实，设计资源需求梯度化的技术方案，确保技术红利能够惠及不同地区、不同人群。

总之，大模型技术作为心理健康评估工具谱系中的新兴力量，其价值实现不在于技术本身的领先性，而在于如何与其他技术手段、专业知识体系以及现实医疗环境形成有机整合。唯有立足复杂系统观，兼顾技术可行性与社会适应性，才能真正实现技术创新对心理健康事业的积极贡献。在这一进程中，各相关领域的深度协作与开放对话，将是推动发展的关键动力。

7.6.3　性格特征识别的创新实践

性格特征的精准识别在个性化诊疗方案设计中具有重要意义。个体的性格特征不仅影响其行为模式和情绪反应，也对心理干预策略的选择与治疗效果产生深远影响。传统心理学研究主要依赖标准化量表（如 NEO-PI-R、MBTI 等）和人工评估手段。然而，这些方法存在显著局限。

一方面，受制于问卷填写频率和样本规模，难以实现对个体性格状态的动态追踪。

另一方面，人工评估主观性强、效率低，难以满足临床场景中的实时反馈与大规模筛查的需求。

传统上，对个人性格的评估主要依赖于各类心理学量表（如性格测试问卷）。然而，近年来随着大模型的突破，一种基于自然语言处理技术的自动化性格特征识别方法应运而生。这项技术的核心创新在于，它将成熟心理学量表中所蕴含的严谨结构与评分逻辑，转化为一个大型模型可以理解并执行的多步骤推理框架——这正是一种"结构化思维链"的应用。通过这套框架，模型不再需要用户回答固定的问卷题目，而是能直接从其产生的非结构化文本（例如公开发言、工作文档或社交媒体内容）中提取出隐含的性格维度，并模拟人类专家的评分过程完成量化分析。这种"结构化思维链"驱动的方法通过在评估模式、交互稳定性与鲁棒性及数据依赖性三个维度的核心创新，显著提升了心理评估的自动化水平与精度。

1. 提升专业性

经典心理学量表通常采用多维度问题设计，通过系统化的问题组合评估个体的认知倾向、情感反应与行为模式。例如，五因素（Big Five）模型包含"外向性""尽责性""宜人性""情绪稳定性"和"开放性"5个维度，每个维度下又细分为多个条目，构成一套完整的评估体系。

受此启发，研究者提出了基于链式思维的多轮对话机制（如 PsyCoT 方法），将量表条目转化为推理过程的中间节点。该方法通过引导大模型以渐进式的交互方式逐项分析用户输入文本中的行为线索，最终得出综合评分。例如，在评估“外向性”维度时，大模型需依次判断文本中是否存在“健谈”“热衷社交”“主动发起互动”等关键词或语义表达，并根据每一步的结果进行累计打分，最终输出一个稳定的性格倾向值。

相较于传统的单轮提示，多轮对话设计通过引入动态参照与上下文记忆机制，显著增强了评估的稳定性和鲁棒性。稳定性体现在，模型在面对逻辑上相似或易混淆的条目时（如“保守倾向”与“沉默特质”），能够保持评分逻辑的内在一致性，避免自相矛盾。这直接提升了评估的鲁棒性，即抵抗输入文本中潜在歧义或噪声干扰的能力，确保最终结果更加可靠。

此外，PsyCoT 方法创新性地引入了反向计分规则处理机制。在标准心理学问卷中，某些条目是经过反向设计的，目的是防止答题者的响应偏向。例如，“受访者很少主动社交”这一条目在评分时应被反向处理。传统方法往往需要手动标注此类条目，而 PsyCoT 则利用大模型的语义理解能力自动识别并调整权重，从而更贴合专业心理评估流程，提升了评估的效率与自动化水平。

2. 突破数据依赖瓶颈

在典型应用场景中，基于大模型的 PsyCoT 方法展现出强大的零样本学习能力（Zero-shot Learning）。其核心思想是将心理学问卷的条目作为推理步骤嵌入到大模型的思维链中，无须依赖特定领域的标注数据即可完成性格维度的识别。

具体而言，模型可以直接解析用户提供的自由文本（如社交媒体发言、访谈记录、日记等），按照量表条目逐一分析文本内容是否符合某一性格特征的描述。例如，“受访者是否易于信任他人？”这一条目可以转化为一个具体的推理任务，大模型依据文本内容生成对应的判断，并结合其他条目的结果进行加权汇总，最终输出相应性格维度的评分。

这一能力的背后得益于大模型对自然语言深层语义的理解能力以及具备的多步推理架构。相比于传统机器学习方法依赖大量标注数据进行训练，PsyCoT 实现了知识驱动 + 推理驱动的评估方式，显著降低了对数据质量和数量的依赖，为跨文化、跨语言环境下的心理评估提供了灵活部署的可能性。

实验结果显示，该方法在多种文本类型（如开放性写作、论坛讨论、问答对话等）中均表现出良好的稳定性和一致性，验证了其在真实场景中的实用性。

临床实践表明，PsyCoT 技术能够辅助心理医师快速捕捉文本中隐含的情绪模式与认知倾向，为抑郁症、焦虑障碍等精神疾病的早期筛查提供了量化参考。其优势体现在以下方面。

- 高效性：支持批量文本自动处理，适用于大规模人群筛查。

- 可解释性：评分过程透明，便于医生复核与解读。
- 适应性：可在多语言、多文化背景下灵活迁移。

PsyCoT 通过多轮对话模拟人类完成性格测试的过程，如图 7-3 所示。

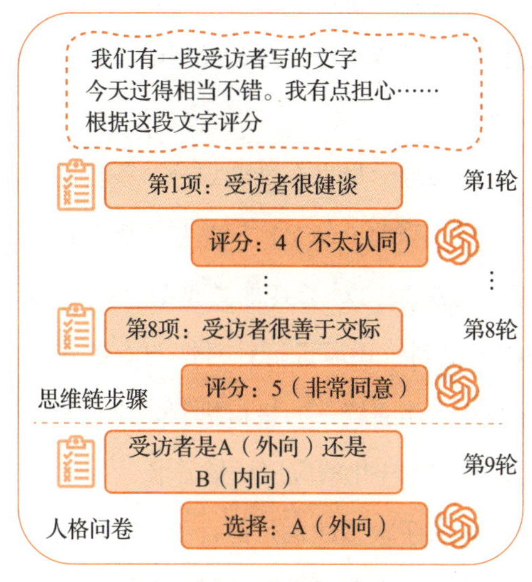

图 7-3　模拟人类完成性格测试过程

3. 潜在限制与落地问题

尽管 PsyCoT 展现出显著优势，仍需注意它的潜在限制与落地问题。

（1）框架局限与应用挑战

尽管 PsyCoT 方法在性格特征识别中展现出显著优势，但在实际部署与推广过程中仍需关注其潜在的技术与伦理限制。

首先，从计算效率角度来看，PsyCoT 显著增加了模型的交互次数与推理时间。尤其在处理大规模文本数据时，频繁的 API 调用或本地推理将带来更高的计算资源消耗，可能影响实时响应能力与系统吞吐量。因此，在工程实现层面，如何优化推理流程、压缩对话链长度、提升模型响应效率，成为未来研究的重要方向。

其次，不同心理学量表在维度划分、条目设计及评分规则上存在较大差异。当前 PsyCoT 方法主要基于五因素模型等经典量表构建推理框架，对于其他类型的评估工具（如 MBTI、DISC、NEO-PI-R 等）还需进行针对性的参数调整。提升模型通用性的核心在于建立统一的接口机制，使它能够灵活适配多种量表结构，满足多样化的应用场景需求。

最后，文本顺序敏感性也是值得关注的问题。由于模型在多轮推理中依赖上下文记忆机制进行动态评分累计，若输入文本中相关线索分布不均或语义跳跃较大，可能导致阶段性判断偏差，进而影响最终评分的一致性与稳定性。因此，增强模型对文本结构处理的鲁棒性、优化上下文整合策略将是提升其泛化能力的重要技术路径。

（2）伦理风险与边界约束

从伦理维度来看，PsyCoT 方法的应用必须严格限定在心理健康促进与临床辅助诊断的范畴之内。作为一种基于自然语言的性格分析工具，其潜在滥用风险不容忽视。例如，在未经用户明确授权的情况下，利用社交媒体文本制作人格画像可能会侵犯个体隐私权与数据自主权；若被用于招聘筛选、信用评估等非医疗场景，则可能引发算法歧视与伦理争议。

因此，技术开发者应建立健全的数据使用规范与权限控制机制，确保所有信息采集与处理过程遵循“知情同意”原则，并明确界定应用场景与功能边界。同时，建议引入第三方伦理审查机制，对涉及个体心理状态识别的 AI 系统进行合规性评估，防止技术误用或滥用。

第 8 章

技术局限与未来发展

在这场认知革命中，技术既是放大镜也是镜子，既延展我们的思维疆界，又照见我们灵魂的独特性。未来的文明不在于机器能思考多深，而在于人类因此能思考多远；不在于算法的精确，而在于我们敢于提出的问题。

本章将分析大模型技术的局限性，随后聚焦技术进化的关键方向与应用生态的立体构建。最后，我们展望未来的文明图景。

8.1 三大局限

值得注意的是，尽管基于思维链的大模型在提升推理能力方面取得了显著进展，但它在实际应用中仍存在以下三大局限。

1. 知识获取与整合的瓶颈：从静态知识到动态检索的挑战

大模型的核心推理能力根植于静态的训练数据，这导致了“知识鸿沟”（对专业领域覆盖不足）与“知识时效性”（信息过时）两大固有局限。虽然，RAG（检索增强生成）、本地知识库及搜索引擎的结合，为模型提供了动态获取外部知识的途径，在理论上缓解了知识更新慢的问题。

然而，这种“外部输血”模式并未根除问题，而是将挑战从模型内部转移到了外部依赖上。新的瓶颈在于：

第一，检索的精准性。系统能否在浩如烟海的信息中，顶住噪声干扰，精准定位到解决问题所需的核心与权威知识，这直接决定了大模型推理的起点质量。

第二，信息的整合与甄别能力。模型不仅要理解检索到的碎片化信息，还需将这些信息与自身知识体系进行审慎融合，并判断其可靠性与适用场景。例如，当外部检索到的最新医学研究与模型内置的传统诊疗方案冲突时，模型能否进行批判性评估，而非盲目采信，这是保证大模型在专业领域内安全、可靠应用的关键。

因此单纯拥有获取外部知识的能力是不够的，如何确保检索信息的质量，并在此基础上进行可靠的综合推理，构成了当前面临的核心挑战。

2. 推理深度限制

大模型的关键价值之一在于其多步骤的推理能力，但这种能力在长链条推理中面临着严峻挑战。当推理链条延展时，早期步骤中的微小谬误会沿着逻辑路径不断放大，形成误差的“雪崩”效应。这种现象在数理推导领域尤为显著，即使是顶尖大模型在解决复杂微积分或概率统计问题时，也常因单个中间步骤的计算错误而得出完全错误的结论。

更深层次的挑战在于“认知坍塌”现象。随着推理步骤的增加，模型维持一致性思考的能力呈指数级下降。在长达数十步的复杂推理中，模型可能“遗忘”早期的假设条件或中间结论，导致后续推理过程与前序逻辑脱节。这种现象类似于人类的工作记忆限制，但在大模型中表现得更为严重，因为它们缺乏人类那种有意识的自我监控机制。

目前业界已提出多种缓解策略，可参见 2.3.2 节。

3. 领域适配挑战

大模型的第三个根本性挑战在于大模型的通用性与各专业领域独特推理规范之间的深刻矛盾。不同知识领域拥有各自独特的思维模式与表达系统。例如，法律推理强调对先例的严格遵循与法条的精确解读；科学研究则要求基于实验证据的严格逻辑论证。

当前主流大模型采用的是“一刀切”式的通用推理框架，缺乏对专业领域特性的深度适配。这导致模型在专业场景中表现出明显的“隔阂”，即虽然能够生成表面上连贯的推理过程，但这些推理常常违背领域内公认的方法论准则与专业规范。

更为严重的是专业术语的理解偏差问题。许多专业领域拥有高度专业化的术语体系，同一词汇在不同语境下可能具有完全不同的内涵。例如，“显著性”一词在统计学与临床医学中有着不同的技术定义。大模型在跨领域推理未必能准确把握这些术语的专业内涵，从而导致推理过程中的概念混淆与逻辑错位。

8.2　技术进化与应用生态构建

随着大模型技术的不断成熟，其未来发展将呈现出以下特性。一方面，技术本身将朝着更高可靠性、更强适应性和更复杂推理能力的方向演进；另一方面，围绕这一技术的应用生态也将逐步构建完善，形成从专业工具到开放平台的多层次体系。

8.2.1　技术进化的关键方向

大模型未来的发展将围绕以下四大关键方向展开。

1. 推理可靠性的增强：迈向“可信推理”的关键突破

大模型推理过程中普遍存在的“幻觉推理”“逻辑断裂”和“知识缺失”等问题，严重制约了它在高风险场景下的可信度。为提升推理的可靠性，未来的研究将聚焦于以下几个方面。

（1）自验证与自我修正机制

如前所述，大模型容易陷入“错误累积”的陷阱。当前一个活跃的研究方向是通过引入自验证机制，使模型在每一步推理后主动评估其合理性。例如：

- 引入内部一致性检测模块，识别前后推理之间的矛盾。
- 利用反向推理或交叉验证机制，回溯并校正中间结论。
- 结合强化学习策略，训练模型在推理过程中自动识别并修正错误路径。

（2）外部证据驱动的推理增强

为根除“凭空推理”或“事实性幻觉”（Factual Hallucination）的顽疾，确保推理的每一步都建立在可靠的事实基础之上，未来的研究将深度融合 RAG（检索增强生成）框架。这不仅是简单的信息检索，而是将外部知识深度整合到推理过程中的新范式。具体实现路径如下。

1）多元化知识源的实时接入：建立一个动态、开放的知识检索系统，而不仅限于静态的内部数据。该系统将无缝对接多种类型的外部知识源，例如：

- 结构化数据：如企业内部数据库、行业知识图谱。
- 半结构化/非结构化文本：如学术文献库（PubMed、ArXiv）、法律条文库、技术文档。
- 实时网络信息：通过集成搜索引擎，赋予模型实时抓取和理解最新信息的能力，以应对瞬息万变的现实世界。

2）推理与检索的协同：在推理链的每一步，模型将自主判断何时需要外部信息，并生成精准的查询指令以调用检索系统。

3）来源追溯与可验证性：每一次引用外部知识，都必须明确标注来源，例如具体的文献、URL 链接或数据库条目。这不仅极大地增强了结果的可信度，也为人工核查与审计提供了清晰的路径，实现了“可验证的推理”。

（3）不确定性建模与置信度评估

为了使模型具备“知道自己不知道”的能力，需引入不确定性量化机制，这是另外一个研究方向，具体包括：

- 对每个推理步骤进行概率建模，输出置信区间。
- 使用贝叶斯神经网络或蒙特卡洛采样方法估计推理路径的稳定性。
- 向用户反馈推理过程中的不确定环节，辅助人工复核与干预。

2. 推理效率的优化：从“冗长推理”到“高效智能”

基于思维链的推理模式，尽管有效，但往往需要多次调用模型，形成较长的推理链条，从而导致计算资源消耗巨大、响应延迟偏高。这种低效性限制了大模型在交互式应用中的广泛部署。为此，业界正从算法、模型与工程 3 个层面协同发力，以求实现效率的飞跃。

（1）推理路径压缩与结构优化

通过对推理流程（即路径）进行建模分析，识别冗余步骤并进行压缩。例如：

1）思维路径蒸馏：通过“过程监督”微调等技术可以将大型、高算力模型产生的复杂推理路径“蒸馏”到更小、更高效的模型中，使新模型在保持优质推理能力的同时，大幅降低部署与运行成本。

2）结构化提示：设计更紧凑、更高效的推理指令格式（如 XML 或 JSON），减少自然语言带来的冗余信息，从而提升模型对任务理解与执行的效率。

（2）动态推理控制

不同复杂度的问题应采用不同深度的推理机制。未来将开发动态推理控制系统，根据输入问题的复杂度自动调整推理深度。

1）自适应计算：先进的模型已具备根据问题复杂性动态调整推理深度和广度的能力，而非一成不变地执行固定步骤。对于简单问题，模型采用浅层推理可快速得出结论；而对于复杂问题，则展开多轮、多维度的推理，逐步逼近答案。

2）置信度早停：在推理过程中引入“早停机制”（Early Stopping），当模型内部评估其结论已达到足够高的置信度时，便可以提前终止后续的推理步骤，避免不必要的计算开销。

（3）高效推理引擎与轻量化部署

在工程层面，构建高效的推理执行环境，已成为衡量 AI 技术供应商工程实力的核心标准。当前的主流实践涵盖了以下方面。

- ❑ 专用推理引擎：开发专为大模型推理设计的执行引擎（如 vLLM），通过缓存机制、PagedAttention、并行处理等先进技术，在不牺牲模型表现的前提下，大幅提升服务的吞吐量。
- ❑ 模型轻量化：广泛采用模型蒸馏、量化（Quantization）、剪枝（Pruning）等技术，在保持核心性能的同时，极大降低模型的显存占用和计算需求。
- ❑ 边缘端部署：构建高效的边缘端推理框架，使得复杂的推理能力也得以在移动设备或嵌入式系统上进行本地运行，这对于保护用户隐私和实现低延迟交互至关重要。

3. 领域适应性的提升：从“通用推理”到“专业推理”

通用大模型虽然知识广博，但其统一的推理模式往往难以满足不同专业领域对逻辑、术语及知识结构的特殊需求。推动大模型从“通才”走向“专才”的领域适配，已成为释放它在垂直领域中的商业与社会价值的关键。

（1）领域知识注入与融合

通过将专业领域的知识体系嵌入到推理流程中，使模型能够遵循该领域的逻辑规则。例如：

1）领域微调：使用特定领域的专业文献、高质量数据集对通用大模型进行二次训练（微调），使大模型能够深度掌握该领域的专业术语、核心知识乃至独特的推理模式。

2）领域 RAG 系统：建立面向特定领域的知识库（例如，金融领域的研报库、法律领域的判例库、医学领域的诊疗指南库），并通过 RAG 技术为模型的每一步推理提供精准、权威的知识支持。

（2）可定制的推理流程与 AI Agent

更进一步，模型的能力已不再局限于被动的知识问答，而是通过可定制的推理流程和 AI Agent 框架主动地执行复杂任务。

1）工具增强：将模型与外部工具（如代码解释器、计算器、API 调用）相结合，使大模型能够执行符号计算、数据查询、软件操作等超越语言本身的任务，这已成为现代 AI Agent 的核心能力之一。

2）流程编排：通过提示工程或专用的编排框架（如 LangChain、AutoGen），可以设计并固化符合特定领域规范的标准化操作流程（SOP）。例如，在医疗诊断场景中，可以规定模型必须先进行症状分析，再提出可能的检验项目，最后综合所有信息给出鉴别诊断。

3）专家在环路（Expert-in-the-Loop）：在关键业务流程中，建立领域专家参与的反馈与审核机制，允许专家对推理过程的关键节点进行审核和干预，从而形成一个持续优化推理质量的闭环。

4. 多层次推理能力的构建：从“线性推理”到“认知网络”

更令人瞩目的是，最新的研究正推动思维链技术从线性的“思路”走向更为复杂的“认知网络”，以模拟人类思维中多层级、非线性、多模式的特性。

（1）从“链式”到“网状”的推理结构

思维树 / 图（Tree/Graph of Thoughts）：在推理的每一步，模型不再只探索一条固定的路径，而是并行地生成并探索多个可能的下一步，同时对这些路径进行评估、打分和剪枝，最终形成一个树状或图状的推理结构。这种方法显著增强了模型在需要广泛探索和回溯的复杂任务（如数学证明、策略规划）中的表现。这标志着 AI 的思考方式正从单线程的线性推演，向着更接近人类的、充满选择与回溯的探索式思考演进。

（2）多模态信息的融合推理

推理的载体也已不再局限于纯文本。现代大模型（如 GPT-4o、Gemini 等）可以原生处理和理解来自文本、图像、音频、视频等多种模态的信息，并在此基础上进行跨模态的复杂推理。例如，模型能够分析一张图表的视觉信息，并结合文本描述，对数据趋势进行深度推理；或是“听”懂用户的语音提问，“看”懂屏幕上的实时内容，并直接进行相应的软件操作。

8.2.2 应用生态的立体构建

未来的大模型技术将不再局限于“模型即服务”（Model as a Service）的接口调用模式，而是逐步构建起一个涵盖专业工具集、协作平台与开放生态系统的立体化应用生态。这一趋势不仅体现了技术落地路径的成熟，也标志着 AI 系统正朝着更具组织性和可持续性的方向发展。

1. 工具层面：专业化思维链工具链的兴起

当前，大模型的应用正在逐步应用到多种专业领域。在这一过程中，专业化思维链工具链（Specialized Chain-of-Thought Toolkit）成为推动行业落地的关键支撑。

不同于早期以“提示词工程 + 通用模型”为主的使用方式，如今各行业正围绕自身任务特点，开发具有明确输入 / 输出规范、可解释性强、推理流程可控的专用工具模块。例如：

- **教育领域：** 出现了基于学科知识图谱驱动的思维链生成器，如数学问题求解中的“分步引导式解答生成器”、科学实验设计中的“假设－验证－结论”结构化推理模块。

- 医疗健康领域：临床决策辅助系统中嵌入了症状推理链、用药合理性评估链等组件，帮助医生系统化梳理复杂病例。
- 法律咨询领域：法律条文匹配引擎结合案例类比推理链，为案件分析提供逻辑闭环。
- 金融风控领域：通过将风险识别模型与因果推理链结合，实现对异常行为背后成因的深入挖掘。

这些工具的核心价值在于：

- 标准化推理流程：通过预设的推理模板和步骤划分，提高模型输出的可预期性。
- 增强可追溯性：每一步推理都可被记录、审查和复用，提升结果的可信度。
- 降低使用门槛：非技术人员也能借助图形化界面调用复杂推理能力。

可以预见，未来将形成类似 SDK（软件开发工具包）的“思维链开发套件”（CoT-Kit），支持开发者快速构建、调试与部署特定领域的推理工具。

2. 平台层面：构建人机共创的认知工作空间

如果说工具是大模型能力的“封装单元”，那么平台则是其“集成中枢”。新一代大模型协作平台正在从传统的问答交互界面，进化为支持人机共同构建、修改、验证推理链条的智能认知工作空间。

这类平台具备以下几个关键特征。

（1）多角色协作机制

平台不仅服务于终端用户，还整合了模型工程师、领域专家、伦理审核员等多种角色，形成跨职能的协同流程：

- 领域专家定义推理逻辑与约束条件。
- 模型工程师配置推理参数与路径。
- 审核人员对推理过程进行合规性检查。
- 用户参与反馈与修正，实现"人在环路"的动态优化。

（2）可视化推理编辑器

平台内置可视化推理编辑器（Visual Reasoning Editor），允许用户通过拖拽节点、连线逻辑关系等方式，直观地构建和调整推理链条。这种交互方式极大地降低了使用门槛，使非技术背景的专业人员也能高效参与 AI 推理流程。

（3）实时推理追踪与干预

系统能够实时展示推理路径的演化过程，标注每个节点的置信度、依赖来源与可能偏差。用户可在任意环节介入，修改推理方向或补充外部证据，从而实现对推理过程的动态控制。

（4）多模型协同调度

平台支持多个大模型之间的协同推理，例如：

- 一个模型负责事实检索，另一个模型执行逻辑推导。
- 一个模型生成初步结论，另一个模型进行反向验证。
- 多个模型并行推理后，由集成机制综合判断最终输出。

这种架构提升了系统的鲁棒性与适应性，也使得平台能够应对更复杂的推理任务。

3. 生态系统层面：共享资源库与标准治理框架的建立

当工具与平台逐步完善之后，构建开放、共享、可复用的大模型生态系统将成为下一阶段发展的核心目标。在此背景下，有必要对“思维链”与“推理链”的关系进行更加严谨的界定，这对于生态的健康发展至关重要。“思维链”本质上是一种方法论，在模型内部运行时，其形态往往是动态且非结构化的。

然而，当“思维链”从理论走向产业应用时，其内在的、非结构化的思考过程必须转化为外在的、可管理、可交互的技术实体。“推理链”正是“思维链”在这一转化过程中的工程化产物。我们可以将“推理链”定义为“思维链”的标准化、可复用、可验证的实现形态。它将抽象的思考过程固化为具体的、遵循特定规范（如 JSON、XML 格式）的执行路径。这种具象化使得原本不可见的思考过程变得透明、可追溯，并使推理链成为能够被存储、共享、评估和优化的“认知构件”。

因此，本节所探讨的生态系统，正是围绕“推理链”这一核心载体展开的。它旨在建立一个涵盖资源供给（开源案例库）、质量评估（评估体系）、互操作（标准接口）与社区治理的完整框架，从而推动整个行业从“各自为战”的零散探索，迈向“协同创新”的规模化发展。

当工具与平台逐步完善之后，构建开放、共享、可复用的大模型生态系统将成为下一阶段发展的核心目标。这一生态系统将涵盖资源供给、质量评估、社区共建等多个维度，推动整个行业从“各自为战”走向“协同创新”。

（1）开源推理案例库的建设

类似于 GitHub 之于代码，未来可能出现专门面向大模型推理的开源社区，汇聚来自不同行业的高质量推理案例，这些案例不仅可供学习和复用，还能作为训练数据进一步优化模型的推理能力。

（2）推理质量评估标准的建立

为了提升大模型推理的实用性与可靠性，亟须建立一套系统的推理质量评估标准，包括但不限于：

- 推理路径的逻辑一致性。
- 每一步推理的可验证性。
- 外部证据的引用完整性。
- 推理结果的可解释性与稳定性。

此外，还可引入第三方认证机制，对推理过程进行打分评级，推动行业从“能用”向“好用”转变。

（3）标准化接口与互操作协议

未来的生态系统需要统一的标准化接口与互操作协议，以支持不同平台、工具之间的无缝对接。这包括：

- 推理链格式标准化（如 JSON-CoT、XML-CoT）。
- API 统一化，便于模块化集成。
- 跨平台推理链迁移与复用机制。

此类标准将促进产业链上下游的协同发展，加速大模型技术的规模化落地。

（4）社区共建与伦理治理机制

除了技术和资源层面的共享，还需建立社区治理机制，保障推理技术的公平性、透明性，并符合伦理规范。例如：

- 社区成员共同维护推理案例的质量。

- 设立伦理审查小组，防止推理链被用于不当用途。
- 建立用户反馈机制，持续优化推理技术性能。

8.3 未来图景

当我们将目光投向更远的未来，大模型技术不仅仅是一种工具创新，更可能成为人类文明形态演进的关键推动力。站在历史与未来的交汇点，我们有理由相信，大模型技术正在开启一种全新的认知文明范式，重塑人类与机器的关系边界，并为集体智慧的形成提供前所未有的可能性。本节将探讨 AI 文明的两个核心维度：认知协同的新型文明模式与人类价值的重新定位。

8.3.1 认知协同的新型文明

大模型技术的终极意义在于开创一种人机认知协同的新型文明形态。这种文明不是机器取代人类思考，而是通过互补形成更高层次的集体智慧。

在这一文明形态中，大模型技术将成为人类认知的“外部骨架”，支撑更高层次的思想构建。复杂问题的解决将呈现出全新的协作模式：人类负责提出创造性问题、确立价值框架与评判标准，AI 系统负责展开逻辑分析、搜索可能路径与验证假设。这种分工基于双方的认知优势——人类擅长直觉跳跃与价值判断，AI 擅长系统推理与关联挖掘。

知识创新与传播的方式也将发生根本变革。传统知识生产依赖专家个体能力的深度专业化，形成显著的知识壁垒；而大模型技术通过解析和展示专业推理过程，实现了知识生产过程的透明化，让知识更容易习得，大幅降低了知识获取的门槛。未来的知识生态可能是专业知识快速流动、跨领域融合的开放网络，而非封闭的专业孤岛。这种变革将加速知识的民主化进程，使高阶认知能力不再局限于少数精英群体。

社会结构层面，认知能力的广泛增强将推动决策机制的深刻变革。当公众能够借助大模型技术理解复杂政策与专业决策的逻辑基础时，社会参与的深度与广度将同步提升。公共决策将从简单的结果公示走向过程透明，从而增强决策合法性与公众理解。

8.3.2　人类价值的重新定位

在大模型技术迅速发展的新时代背景下，人类的价值与独特性需要被重新审视。当机器能够在某些方面模拟甚至超越人类的推理能力时，“人之为人”的核心价值究竟何在？

首先，创造性思维的独特价值将会更加突出。尽管大模型技术擅长在既定框架内进行系统推理，但在框架突破和范式创新方面仍存在根本性的局限。人类思维所具备的飞跃性、联想性和批判性将成为不可替代的创新源泉。在未来的价值分工中，人类将更多地专注于提出有意义的问题和建立创新框架，并将框架内的系统推理任务交给 AI 来协助完成。

其次，情感与价值判断将是人类的核心领域。虽然大模型技术可以模拟伦理推理过程，但它缺乏真正的情感体验和道德。在涉及价值权衡和伦理判断的决策过程中，人类的情感智慧和价值直觉仍然是决定性的因素。技术可以提供决策分析，但最终的价值选择仍然需要基于人类独特的存在体验来做出。

最后，意义构建是人类独有的精神活动。技术可以提供工具和方法，但对于生活的意义探索、对价值的追寻以及对存在的思考依然是人类特有的精神活动。大模型技术的意义不在于回答“为何而生”这样的终极问题，而在于为人类提供更多时间和空间去思考这些问题。

总而言之，大模型技术正在重塑人类认知文明的基本图景。这不是一个技术取代思想的单向过程，而是技术和人文在更高层次上的融合。在这种新型文明中，技术进步不是目的本身，而是通向人类集体智慧提升和精神自由扩展的手段。真正的未来不是由 AI 代替人类思考，而在于人类借助 AI 实现更深刻的认知突破、更广阔的思维疆界和更自由的创造可能。通过这种方式，我们可以共同塑造一个既充满技术奇迹又不失人性温暖的美好未来。

后　记

我命由我不由天

2025年的整个春节期间，中国人都沉浸在DeepSeek带来的喜悦中，一洗之前长达两年多在大模型上的被动和压抑。作为一名80后，我不禁感慨万千，提笔写下这篇后记。从2020年至今，我们这一代人的能量彻底爆发了，一下子英雄辈出，冲破了束缚。

回望过去，可以用网络文学的修仙过程比喻：改革开放后，60后完成筑基，70后历经化神，而如今，80后正携手90后和00后，开启一场华夏民族的“修炼”之旅，完成整个民族的复兴大业。我们这一代人不仅要面对竞争和阻力，更要肩负起民族复兴的历史使命。正如电影《哪吒之魔童闹海》（简称《哪吒2》）中的主人公哪吒所言：“若命运不公，就和它斗到底！”这份敢于抗争、奋勇向前的精神，早已融入每一个80后的血液中。

出生于1985年的梁文锋，依靠DeepSeek成功破解了大模型技术的“封印”；出生于1980年的饺子（原名杨宇），通过《哪吒之魔童降世》《哪吒之魔童闹海》这两部畅销之作，让我们不再对好莱坞电影盲目膜拜；出生于1982年的冯骥，则以《黑神话·悟空》重新定义了文化+科技的边界，原来我们的传统文化里藏着无尽的宝藏……这仅仅是卓越的80后名单中的冰山一角。这些闪光的名字，标志着80后这一代人在时代洪流中奋勇向前，不畏艰险，勇于突破。

在这段全新的历史征程中，可以说以DeepSeek为代表的创新技术正成为激发我们潜能的强大引擎。DeepSeek带来的不仅仅是科技的革新，更是商业与文化的深度融合，是传统与未来的交汇碰撞。它让我们看到了技术如何转化为生产力，如何点燃创新的火花；它也让我们明白，只有将先进科技融入生活、工作与文化，才能真正赋予民族前行的动力。如今，整个社会正处于一场深度变革的浪潮之中，那些曾经遥不可及的梦想，正因DeepSeek这一平台而变得触手可及。

DeepSeek的崛起是中国崛起的一个缩影，它的发布证实了：无论如何卡脖子，都无法阻止中国人的持续创新。最后让我用《哪吒2》里的这句台词来作为结束语：

因为我们太年轻，不知天高地厚。